宋犀堃 编著

江苏凤凰美术出版社

图书在版编目（CIP）数据

逆商／宋犀堃编著． －－南京：江苏凤凰美术出版社，2019.7（2021.1 重印）
ISBN 978－7－5580－6319－0

Ⅰ．①逆… Ⅱ．①宋… Ⅲ．①成功心理－通俗读物 Ⅳ．①B848.4－49

中国版本图书馆 CIP 数据核字（2019）第 126683 号

责任编辑　李秋瑶
封面设计　松　雪
责任监印　唐　虎

书　　名	逆商	
编　　著	宋犀堃	
出版发行	江苏凤凰美术出版社（南京市湖南路1号　邮编：210009）	
出版社网址	http：//www.jsmscbs.com.cn	
印　　刷	三河市众誉天成印务有限公司	
开　　本	880mm×1270mm　1/32	
印　　张	6	
版　　次	2019 年 7 月第 1 版　2021 年 1 月第 3 次印刷	
标准书号	ISBN 978－7－5580－6319－0	
定　　价	36.00 元	

营销部电话　025－58155675
江苏凤凰美术出版社图书凡印装错误可向承印厂调换　电话：010－64215835

逆商全称逆境商数，一般被译为挫折商或逆境商。它是指人们面对逆境时的反应方式，即面对挫折、摆脱困境和超越困难的能力。

巴尔扎克说："挫折和不幸，是天才的晋身之阶、信徒的洗礼之水、能人的无价之宝、弱者的无底深渊。"任何人获得成功都需要付出代价，能够驾驭挫折的人，必能最大限度地发挥潜能，拥有更强的社会竞争力。随着社会竞争的日益激烈，人们面临着各种压力，这些压力对学习和生活已经造成了深刻的影响。如何具备高逆商，坦然应对挫折，健康、积极地面对各种压力，已经成为每一个人亟待解决的重要问题。

人的一生是由幸福和悲伤、成功和失败、欢乐和痛苦交织而成的，只有经受得住挫折和失败的考验，才能展示一个人的真正价值。

杰出人士的一大优点是，在不利与艰难的遭遇里百折不挠。挫折是磨炼意志、增强能力的好机会。人要学会走路，肯定得摔跤，而且只有经过摔跤，才能学会走路。

　　失败带给我们的往往是失望、沮丧，所以我们像躲避瘟疫一样躲避它，很少有人认识到，失败也是一笔财富。人类基因图谱的破译表明，在基因的序列上，人与人之间只有万分之一的差异，但伟人与庸人的成就却有天壤之别，造成差别的原因在于伟人与庸人的价值选择和人生态度不同，这是充满了偶然性的。比如对失败的态度，伟人不是比庸人运气更好，不是更少失败，恰恰相反，他们经历的失败更多，也更惨痛。不怕失败，敢于面对失败，这可以说是伟人的共性。仅仅不怕失败还不行，更重要的是善于从失败中学习。人类文明不是按照一种既定的完美的设计图来施工的，而是在不断的试错、不断的失败中臻于完美的。伟人之所以能够成就伟大的事业，是因为他们把每一次失败都当作通往成功的一级阶梯，他们不会白交学费。我们追随伟人，追随成功者，看到的只是鲜花，听到的只是掌声，却忽略了他们经历的无数失败，忽略了他们走过的荆棘丛生、寂寞孤独的旅程。

　　本书采用大量生动的事例，结合简明而实用的理论，从挫折产生的原因、挫折对人的影响入手，总结出众多应对挫折的法则，阐释了人们在面对挫折和人生危机时如何调整心境，介绍了提升逆商、扭转人生的方法，帮助读者获得人生的智慧和战胜困难的动力。

2019 年 4 月

01

坦然面对，在不如意中保持阳光

在不如意中保持阳光心态 ...002
用足够的度量接受难以克服的挑战 ...005
凡是打不倒我们的，必会让我们更强大 ...008
哭泣过后，别忘了微笑 ...012
困难并不能阻碍你获得快乐 ...016
用笑容面对苦难 ...019

02

逆境不可怕，别让消极思想毁了你

不受消极情绪左右 ...024
消极心态会排斥美好事物 ...028
正是"糟透了"的定义方式影响了我们 ...031
彻底查杀体内的冷漠病毒 ...036
烦恼会扰乱内心的安宁 ...040
不让贫困扼杀了斗志 ...043

03

面朝阳光,把阴影永远留在背后

面对挫折,积极暗示自己 ...048

改变思维,调整心态 ...054

找一个成功的形象激励自己 ...058

保持一颗单纯的心,才会更快乐 ...060

用积极的自我形象来消除心中的阴影 ...063

避免消极的自我暗示 ...066

学会内心练习 ...069

04

肯定自己,人生没有承受不了的事

多对自己进行肯定 ...072

人生没有承受不了的事 ...076

相信自己一定会成功 ...079

勇于走自己的路 ...082

强者善于自我激励 ...084

增强自信坚持自己的信念 ...087

05
拥有信念，比拥有才能更重要

成功需要更多的信念浇灌 ...094
坚忍的意志是成功的秘诀 ...097
只要坚定信念，就能获得成功 ...099
坚定的信念是永不熄灭的明灯 ...101
信念是决定成功与否的关键 ...103
破釜沉舟，奋勇向前 ...107

06
改变想法，拆掉思维的墙

学会归零思考，不做回忆的奴隶 ...110
因为简单，所以成功 ...114
学会逆向思考，掌握以反求正的生存智慧 ...118
改变了思维，就改变了与世界互动的方式 ...122
学会多角度思考 ...125
机会永远藏在失败的背后 ...129

07

所谓的逆境，只是在逼你走正确的路

上千次的错误积淀最后的成功 ...134
每次挫折都孕育着成功的种子 ...138
以开放的心态面对失败 ...142
做好准备可以避免失败 ...144
机遇诚可贵，勇气价更高 ...148
竭尽全力去做每一件事 ...152
"绝望的处境"是相对的 ...155

08

超前一步，预见逆境才能跨越逆境

勿以恶小而为之，勿以善小而不为 ...162
在危机来临前就培养冒险习惯 ...166
不断学习的人才能战胜危机 ...170
警惕生活中的"马蹄铁现象" ...173
蝴蝶效应 ...175
预见危机，才能更好地避免危机 ...178
谁动了我的奶酪 ...181

PART 01

坦然面对，
在不如意中保持阳光

在不如意中
保持阳光心态

在这个世界上，很多事情往往不在我们的预料和控制范围之内。我们因不能预知未来而苦恼；我们因不知事物的发展方向而烦躁；我们从没感到过满足，因此我们常常感到抑郁不得志……生活中的很多人像长不大的孩子，从来不会注意到自己手中已经拥有了什么，总渴望得到更多的东西，因为欲望永远都得不到满足，原本平和冷静的心态也就变得愤懑不平……

世界上充满了各种诱惑，这会让我们迷失方向，有很多时候我们不能保持平衡的心态，会偏离正常的生活轨道，越来越没有方向。这时候我们需要放缓脚步，平心静气地思考，让生活重新归零、回到原点，寻找最初的快乐！人生不只是给自己不断地加码，有时候做必要的减法也不失为一个很好的选择。既然不知道未来如何，为什么不把握现在；既然不知道事情会怎样发展，为什么不全心全意地做好现在；不要总认为生活对自己不公，实际上我们已经拥有很多东西了。生命本身就是伟大的，活着就是最大的幸福，因此不要将自己捆绑起来,跟自己较劲才是自寻烦恼。

人非圣贤,孰能无过,完美无憾的人生更是不存在的。不管对待自己、对待生活还是身边的人,不要过于挑剔。生活就是自己谱写的歌曲,也许没有精彩绝伦的完美旋律,但是可以做到婉转动听;生活是自己泡的一杯茶,没有牛奶咖啡般浓郁的醇香,但只要细细品尝也会唇齿留香。

所以,不要因为一点点成功就得意忘形,即便今日花开灿烂也会有凋零残落的时候;不要因为一点点挫折就一蹶不振,失败和痛苦总会过去,从失败中站起来,迎来的就是成功;不要狂妄自大谁都不放在眼里,也许现在一帆风顺但以后也总会有逆境和挫折……

不要为难自己,这才是心灵的解脱。这样的心态,是享受阳光生活不可或缺的。走好自己选择的道路,坚持自己的理想和信念,原谅自己犯的错误,学会善待自己,不要和自己过不去。人的情绪本来就是有阴晴变化的。紧张不安的时候不妨听听音乐让自己放松;郁闷烦躁的时候不妨在操场尽情地奔跑,让烦躁的情绪尽快平复下来;飘飘然的时候用理智让自己平静下来,做到"不以物喜";难过的时候要学会适当地忘记,不要让悲伤的情绪左右自己的思维;痛苦的时候不妨站在镜子前重新认识自己……

林肯曾说:"生活中有很多这样的人,当他下定决心要让自己开始幸福的时候,它就能找到幸福的感觉。"如果说幸福是一种感觉,那么宽容就是一种博大的仁爱情怀,智慧是通向快乐人生的必要条件。如果能勇敢地走向阳光,阴影就不会占据你的心,这样一来还有什么能阻碍你人生的进步呢?

不要为了鸡毛蒜皮的小事儿计较，因为计较以后你的心里会觉得委屈难过，影响心情。一味地执着于某件事，苦的是自己。懂得适当地放弃，才能将过于沉重的负担放下来；不会享受生活的人，又何谈珍惜生活呢？时刻给自己一个希望，你的生活才会阳光灿烂、充满希望。

"人生得意须尽欢，莫使金樽空对月。"归根结底就是李白心中有"欢"，不要把自己的生活弄得像苦行僧，认为人生没有乐趣。虽然生命是短暂的、有限的，但是生命中的快乐是没有界限的。正如卡耐基所说，"就算我们没有得到自己想要的东西，那也不能因忧虑和懊悔而苦恼不已。"

学会宽恕自己，保持豁达开朗的心胸和气度，带着一丝宁静淡泊，关爱自己，原谅自己。微笑着看待生活，你会收获潇洒的人生；微笑着看待生活，人生之花才能绽放得更加绚丽多彩；微笑着看待生活，你能收获自由的人生。这样的人生，才是阳光灿烂、充满希望的。

用足够的度量
接受难以克服的挑战

生命中的苦难和挫折在所难免,它们是我们前进道路上的绊脚石,如果你的心胸和气度非常狭隘,当然感觉不到快乐,但是如果你有博大的胸怀,那么,你的生活就有源源不断的乐趣。

在一座古山上的庙里住着一个小和尚,他每天都闷闷不乐非常抑郁,然而他郁闷的却都是些小事情。后来,他忍不住问师父:"师父啊!一点小事就会让我闷闷不乐,你快想个办法开导我一下吧!"

老和尚说:"现在你就去集市上买一袋盐回来。"

小和尚按照师父的要求去买盐回来了,老和尚吩咐道:"拿杯水来,然后抓把盐撒进去,把盐搅拌开,然后你喝一口。"小和尚按照师父的要求做了,老和尚问:"这杯盐水的味道怎么样?"

小和尚眉头紧锁、表情非常痛苦:"咸、苦。"

然后,师父领着小徒弟来到山上的湖边,又对他道:"你把刚才剩下的盐全倒进湖里,然后尝一尝湖水的味道怎么样。"

弟子还是照做,然后捧了一口湖水喝,这时师父问他:"现在感觉怎么样?"

"这湖水的味道依旧是纯净甜美的。"小和尚答道。

"撒了那么多盐也没有咸味吗?"老和尚故意反问道。

"一点也没有。"小和尚一五一十地回答着老和尚的话。

老和尚看着弟子,语重心长地向小和尚传授着人生的道理:"盐的咸味其实就是生命中的苦痛,我们感觉到的痛苦程度,直接取决于我们所拥有的气量。"小和尚若有所思地点点头。

这里说的"气量",实际上就是指人的气度和心胸,气度的大小决定了你的痛苦程度,气度大的人,烦恼和痛苦程度自然就小,而那些心量小气度狭隘的人自然经常觉得十分痛苦。一个气量狭小的人,什么事情都容不下,总是烦恼重重。有气度的人,能够包容万物,面对生活中的困难和挑战他们能坦然应对。

心量和气度的大小直接决定了一个人能取得的成就的大小,不要为了一己之利终日勾心斗角,去除心中的抱怨之念,就能保持豁达的心胸、感受到海阔天空。当你能包罗宇宙万象时,你就有比大海还广阔的胸怀。不管是成败得失还是名誉利益,只要保持足够的心量,那么面对大风大浪依然能够处变不惊。

寒山曾问拾得:"如果有人欺骗我、诽谤我、辱骂我、损害我的名誉,我应该如何应对呢?"

拾得答道:"你要做的就是忍他、让他,不要去搭理他,你一直坚持这样做,并保持几年时间,你再看看他的反应。"

生命中的挫折是我们不能控制的,但是我们的心量和气度是自己可以控制的,拓宽心量才能在平淡的生活中收获快乐与趣味。调整好自己的心态,面对生活中的痛苦,保持开阔的心量也能从苦涩中寻找到快乐,在忍让中塑造博大的气魄胸襟。

心量的大小不是一成不变的,如果一个人只是考虑到自己的一点私利,它的容积会越来越小;如果学会了设身处地地为他人着想,心量就会逐渐舒展越来越开阔。如果什么事情都不放过,最终只会把自己封闭起来,视野狭窄。这种处世心态,既是一种自轻自贱,也是对自己人格品行的侮辱和践踏。

心量的大小取决于你的态度。只有一步之遥,人的心量就可能有天壤之别,它可以像浩瀚无边的大海,也可以像微尘般细微琐碎。我们要有包罗万象、海纳百川的心;要有遨游四海、走遍天涯的心;要像高高耸立的大山那样,坦然地接受所有的飞禽走兽;要像脚下的路承担所有的压力。这样,生活中的那些小事才不会影响我们的心情!

因此敞开你的心扉,用你的气度包容痛苦、战胜困难,你的人生也会因此而与众不同!

凡是打不倒我们的，
必会让我们更强大

历经痛苦和挫折的人，比一般人成长得更快。在重重挫折的磨炼下你的人生会得到进一步提高和升华。也就是说，只要我们没有被打倒，就能浴火重生，站起来之后会更加强大。

纵观人的一生，挫折是每个人的必修课，例如下岗裁员、失恋离婚、亲人的生老病死、车祸意外、初到岗位的各种不适应等，就算有人多次得到幸运女神的眷顾，从未面临过上面列举的那些事情，那也还有学习、工作、生活中的各种压力使他烦恼。实际上，如果你愿意采取积极行动，没有什么障碍是我们克服不了的。一旦克服了生活中的障碍，那么，人生从此就会与众不同，我们也会在这样的锻炼中逐渐强大起来。

松下幸之助是众人口中的"经营之神"，但他并不是一帆风顺的，正是生活的不幸让他随时与命运抗争，最终成为强者。由于家庭遭遇不幸，只有9岁的他就被迫去做小伙计，15岁时父亲去世，小小的他就担负起了家庭的重担，颠沛流离、寄人篱下的生活使他比同龄人承担的更多。

1910年，松下幸之助只身来到大阪，成为电灯公司室内安装电线的练习工，所有的一切都从原点开始积累、学习。不久，他凭借自己的诚实守信及一流的服务得到了公司的认可。22岁那年，他成为公司年龄最小的检查员。在看似一切都很顺利的时候，一个意外的挫折打破了他一帆风顺的生活。

面对家族病，松下幸之助也没能幸免，他前后有九位家人因为家族病而在30岁之前去世，他的父亲和哥哥也不幸位列其中。但要养家糊口的他不可能遵照医嘱去安心休养，唯一的选择就是一边工作一边治病。这个时候的他根本没有任何退路和其他的选择，而他对可能发生的事情做好了充分的思想准备，由此他自创了一套对抗疾病的独特方法：第一步就是不断地自我调整，时刻提醒自己要保持平常心；第二步就是加强锻炼，提高自身免疫力，让自己保持充沛的精神和活力。坚持了一年之后，他的身体状况有了很大的提高，还让自己的内心变得更加坚强，此时的他心态也越来越好。

患病治疗的这一年也让他有机会重新思考自己的生活，他向公司提出了改良插座的建议，但是没有被采纳，因此他决定辞职，独立创业主营插座。

但是松下幸之助创业的时候正值一战，所有东西价格飞涨，他的创业基金还不到100美元，可以想象当时的他面临着怎样的困难。公司最初成立，主营插座和灯头，但是当这些商品在市场销售的时候，又遇到了困难，才成立不久的公司，就面临着倒闭关门的危险，无奈之下员工们纷纷离职另谋出路。

但是在松下看来这些都是创业必然经历的过程，他告诉自己："再努力一点点，就离成功更近一步！我对自己有信心。"他始终坚信：只要坚持不懈地努力肯定会走向成功的。机会总是属于有准备的人。在他的努力之下，转机出现了，六年后，他的公司生产出了第一个像模像样的产品——自行车前灯，这让公司逐渐走出了困境。

接下来的路也不是一帆风顺的。1929年爆发了全球性的金融危机，日本也没能逃过此次经济危机的侵袭，一时间松下电器公司销量锐减，大量产品积压。到1949年时，松下公司不仅没有盈利，反而筑起了十亿元的债台。

但是面对这一次次的打击，松下幸之助又一次次地站了起来。他没有被家族遗传病打倒，还带领松下电器公司一次次化解危机、渡过难关，归根结底就是他那颗年轻有活力的心，能在困难挫折面前处变不惊。松下幸之助总是这样鼓励自己："只要你的心永葆开放和年轻，随时随地你都能找到值得你学习的人和事。成功也好，失败也罢，淡定坦然的心态，才是聪明人该有的处事方式。"

老子的《道德经》中记载："天地不仁，以万物为刍狗。"生活在天地之间的人物个体，必然面临压力，这在无形中折磨着人的精神和肉体，因此很多人认为人生来就是受苦受难的。

这种观点不是太消极悲观了吗？生活中固然有困难，但是不管怎样生命也没有由此而终止，不是吗？我们依然能走出困境，不是吗？当你回想曾经发生过的事情时，或许你会豁然开朗，经历痛苦折磨过的生命，会具有更加强大、旺盛的生命力。

生活中无数的事实都告诉我们这样的道理，不经过暴风雨洗礼的雄鹰无法遨游天空，没有经过苦难训练的士兵肯定不可能成为一名元帅，不经过老板和同事折磨过的新人永远不会成长……任何人想要变得更高、更强大，被磨炼是必不可少的。

哭泣过后，
别忘了微笑

在人生的道路上，挫折、困难甚至绝境无处不在，我们所能做的只有乐观向上，始终以微笑面对人生。如果生活让我们伤心，那么哭过后请保持微笑。因为微笑的人生是快意的，微笑常常具有震撼世界的力量，可以驱散人生所有的苦难。

在美国艾奥瓦州的一座山丘上，有一间完全用天然材料搭建而成的房子。屋里人需要依赖人工制氧才能生存，并只能通过传真与外界联络。

住在这间房子里的主人叫辛蒂。1985年，辛蒂还在医科大学念书。有一次，她到山上散步，带回一些蚜虫。她拿起杀虫剂试图为蚜虫去除化学污染。这时，她突然感觉到一阵痉挛，原以为那只是暂时性的症状，不想却酿成她后半生的噩梦。

原来这种杀虫剂内所含的某种化学物质，破坏了她的免疫系统,使她对香水、洗发水以及日常生活中接触的一切化学物质产生过敏,连空气也可能造成她的支气管发炎。这种"多重化学物质过敏症"是一种诡异的慢性病,迄今为止都无法医治。

患病的前几年,辛蒂的症状是口水直流,尿液变成绿色,有毒的汗水刺激背部留下一块块的疤痕。她甚至连经过防火处理的床垫都不能睡,否则就会产生心悸和四肢抽搐。辛蒂所承受的痛苦超出常人想象。1989年,她的丈夫吉姆用钢和玻璃为她盖了一所无毒房间,一个可以抵御各种威胁的"世外桃源"。辛蒂的饮食都严格把关,她平时只能喝蒸馏水,食物中杜绝任何化学成分。

多年来,辛蒂没有见到过一棵花草,听不见一声悠扬的歌声,感觉不到阳光、流水和风。她躲在单调的小屋里,忍受煎熬。更可怕的是,再痛苦伤心她都要忍住眼泪,因为她的眼泪跟汗液一样具有毒性。

坚强的辛蒂并没有因痛苦而沉沦,她一直在为自己,同时为所有被化学污染物侵害的受害者争取权益。生病后的第二年,辛蒂就创立了"环境接触研究网",为那些致力于此类病症研究的人士提供平台。1994年,辛蒂又与另一组织合作,创建了"化学物质伤害资讯网",使更多人免受化学物质的威胁。目前这一资讯网已有5000多名来自32个国家的会员,不仅发行了刊物,还得到美国参议院、欧盟及联合国的大力支持。

辛蒂说:"这寂静的世界让我感到很充实。因为我不能流泪,所以我选择了微笑。"

人们可以避害趋利。如果回避失败，可以抗争；如果抗争失败，就得承受；要是承受不了，就哭泣流泪；如果连流泪也不行，只好绝望和放弃。可是，辛蒂不同，当她无法流泪时，她选择了微笑！

生活并非是早已设定好的。如果你不喜欢现状，一切都可以改变！一个人只有能够笑对灾难，才能够安慰自己。所以，哭泣过后，别忘了用你的微笑去面对一切，那样一切困难都将被你的微笑击败。

◇ 失败了也不能忘记微笑 ◇

▲ 考试考砸了

▲ 业绩没达标

▲ 减肥没成效

▲ 微笑面对逆境

困难并不能阻碍你获得快乐

幸福和挫折是每个人都会遇到的。当快乐的时候，我们总会觉得时间很短；而苦难的时间却总显得很漫长。所以，我们常常抱怨生活和命运的不公，变得不快乐。

若是论命运不公，海伦·凯勒是最有资格的，可是，她并没有因为挫折而变得苦闷。

美国著名的女作家海伦·凯勒顽强不息，得益于安妮·莎莉文老师的教导，她不仅学会了五国语言，完成了许多作品，还建立了慈善机构，成为《时代周刊》评选出来的美国20世纪的十大英雄偶像之一。

1880年的6月，海伦出生在一个小城。当她一岁的时候，有一次高烧好几天，退烧后就失去了听力和视力。

她不能与人沟通，也看不见世界的光亮，但她没有放弃，反而通过自身的努力取得了许多成就。面对困难，她并不抱怨，她用各种方式来感受生活，来体会各种爱。

因为安妮老师的帮助,海伦克服了生理缺陷造成的心理压力。她热爱生活,喜欢阅读和沟通,并顺利从哈佛大学的拉德克利夫学院毕业,成了优秀的作家、教育家。

这个盲聋女孩很快乐也很有智慧。她在世界各地为盲人学校筹集资金,将自己全身心地贡献给了盲人教育事业和福利事业。她得到别人的赞誉,也获得了很多国家授予的荣誉。

海伦的一生都在无光无声中度过,却能够为我们带来希望,因为她有坚强的心,有面对困难时惊人的毅力和拥抱世界的爱心。

这一切都在告诉我们,困难并非苦闷的根源。当我们遭遇困境时,不要因此而悲观、停留,要视其为人生的历练,将其当作人生常态,这对你的成功很有帮助。

人生如此的漫长,不可能都是顺利的,挫折是在所难免的。当我们经历了挫折之后会变得更加顽强与成熟,更能获得成功。挫折不仅能够给我们带来经验,也会升华我们的人生,因此我们要正确对待挫折。

查尔斯·斯坦梅兹曾经性格孤僻,经常闷闷不乐。他一出生脊柱就是弯曲的,此外他的左腿也有残疾。他家境贫寒,一岁的时候母亲就去世了。畸形的身体致使他无法做很多事情,小时候很多孩子都嘲笑他。

然而上帝并没有抛弃他,为了弥补他生理上的缺陷,赋予了他智慧的大脑。因为这与生俱来的优势,查尔斯忽略了自己生理的缺陷而专注于培养智慧。当他八岁的时候，他就对数学产生了浓厚的兴趣。

大学期间，他的学习成绩优异。平时，他辛苦地攒着每一分钱，为的是在毕业典礼上能够买一套正装穿在身上，然而，校方却以身体缺陷为由不让他参加毕业典礼。

他发誓要让别人明白他内在的才华，从心里尊重他，而不是同情自己的身体缺陷。

毕业后，他开始四处寻找工作。很多公司都以身体缺陷为由拒绝了他，最后他在通用电气公司担任绘图员，虽然薪水微薄，但他努力地做好自己的本职工作。除了对本职工作兢兢业业，他还开始研究电力学，并在工作中和同事建立了良好的友谊。

过了一段日子，他的才华被总裁发现了，他告诉查尔斯："在这个工厂里，你可以放手去做你想做的事。哪怕你在做白日梦，你的白日梦我们也会买单的。"

查尔斯凭借着自己的才华逐渐积累起了不少财富，并有了幸福的家庭。他也拥有了正常人快乐的生活。他一生的努力使他拥有达200多项专利发明，同时还发表了许多和电子学、工程学相关的专著。

用笑容面对苦难

叔本华说:"人生就是一次痛苦的旅程,我们从出生到死亡,痛苦就一直包围着我们。看不开的人,永远都会与快乐绝缘。快乐的人以从容的态度看待人生,以微笑来对待生活中的种种遭遇。"

俄国诗人普希金说过:"如果你被生活欺骗了,不要悲伤,不要心急,忧郁的日子里需要镇静,相信吧,快乐的日子将会来临。"如果生命没有把完美和幸福赐予你,那你更要以笑容来面对。

人生在世,要经历很多风风雨雨,每个人都会遇到无数风浪。光阴荏苒,韶华易逝,人的一生并不长,美好的回忆与失意的事情,都会成为过眼云烟。

有的人苦于人生短暂,悲从中来,再加上生活中有很多事情都不能让自己称心如意,难免失落不已,感觉生活暗淡无光,只能苟活于世,徒增烦恼,乃至轻言生死。这种消极的心态会使人失去幸福的生活。

在大文学家雨果的眼里，生活就是自己身上有一架天平，对善恶有很好的衡量。生活，就是有正义感、有真理、有理智，就是做到真诚，并且对权利与义务同等重视；生活，就要对自己的价值了如指掌，知道自己所能做到的与自己所应该做到的。

要如此透彻、理智地理解和面对生活，实属不易。现实生活中的人，要把生活的真谛弄清楚，多给自己以鼓励和宽慰，才会变得越来越幸福。

从前，有位女士觉得自己的人生悲惨、沉重。她终于忍受不住了，跑到一座山顶上，想跳下去了结自己的生命。

一位守山的老人听到了她的哭诉，走过来对她说："我们来比比看谁的生活更悲惨。"

这位女士说："我从小没有母亲，父亲从不管我。我也没有进入理想的院校，仅仅读了一个中专，现在连一个工作都没有。男朋友和我分手了。现在我无依无靠，租的房子也到期了……你说我悲惨不悲惨？"

老人听了哈哈大笑起来："年轻人，你有着让人羡慕的幸福人生呀！"

这位女士很气愤，老人到这个节骨眼还拿自己开玩笑。

老人接着说："你从小没有母亲，我都不知道谁是我的父母。你没有考上大学，我幼儿园都没有读过。你和男朋友分手了，我都要死掉了，可我一直都是单身。你还有钱租房子,我只能住在山洞里……你说,我们两个到底谁更悲惨?"

这位女士很惊讶地说:"真没有想到还有比我更悲惨的人存在,如果我是你那样还不如死了算了。"

老人又笑了:"如果人们都有着和你相同的想法,人类早就死光了!"

这位女士不解地问:"你有着这么悲惨的遭遇,为什么还那么开心呢?"

"因为还有人比我更加悲惨。因为我还活着。"

很多时候,人可以从多方面来感受生活,特别是在和他人比较时,感受更是大为不同。就如那位老人说的,还有很多比自己更悲惨的人,所以你应该庆幸,何必认为已经走投无路呢?任何时候都应该积极面对以后的生活。

任何一个人来到这个世界上的时候,都不能选择自己的容貌,无法选择自己出生的国度、家庭、父母。我们不能选择容貌,但可展现笑容,依然可以活得精彩。

生活对每个人都是公平的,然而每个人的想法却有所不同。悲观的人认为生活是痛苦的,这是因为他看到了生活悲观的一面,而忽视了积极的一面。乐观的人认为生活是丰富多彩的,会享受生活。

笑对生活,才会有刘禹锡的"沉舟侧畔千帆过,病树前头万木春"的积极人生态度,才会有李白的"乘风破浪会有时,直挂云帆济沧海"的旷达情怀。

生活是多彩的,关键是看你如何把握生活,享受生命。

积极地笑对生活，即使在寒冷的冬天也不会觉得寒冷，即使在漆黑的午夜也会看到希望的曙光。 用微笑来面对生活，对每个人、每件事都要积极面对，你就会感受到阳光灿烂，看到美好的风景在迎接你。

PART 02

逆境不可怕,别让消极思想毁了你

不受
消极情绪左右

生活中的挫折和不幸是在所难免的，但是面对同样的困难，人们所持的态度是截然不同的，有的人能保持积极乐观的心态，发现生活的乐趣，但也有些人总是悲观地看待周围的一切，把美好的事物排斥在外。

心态消极的人总是能想到事情最坏的一方面。他们对美好的事物不抱有任何期待，因此他们通常不会有什么大的收获。面对一个新思想、新观念，他们的第一反应就是"这样做肯定有问题，因为在这之前没有人尝试过这样的做法"。

将生活比作一面镜子是非常恰当的，因为人们心中所想往往就反映为生活中看到的事物。如果你心中阴暗、没有光亮，那么在你的眼中看到的现实必定也是暗淡无光的；如果你的心中是一片阳光，那么你的生活自然是灿烂的。

如果一个人总是以消极阴暗、悲观痛苦的心态去看问题，那么，对他来说生命中的每一天都是折磨和煎熬。反之，如果一个人保持着积极乐观、健康向上的心态，带着欣赏的目光重新审视周围的世界，他的心里是和谐的、愉快的。

面对困难我们会觉得痛苦、悲伤，但是要知道无论你怎样痛苦，困难依旧没变。因此，不妨让自己先放轻松，不断告诉自己这些事再正常不过了，都是些不怎么重要的事情。我们还可以选择合适的对象和方式倾诉自己的苦闷，切忌让这种悲伤难过的心情一直困扰自己。其实想明白了也就那么回事。生活中的希望是无处不在的，只要你尽全力去努力奋斗，你就能有不一样的收获。

消极的心态对人的生活、学习、工作都有非常不利的影响，还会让人陷入悲观和绝望中不能自拔。因此，积极乐观的生活态度才是必要的，消极的生活态度是不可取的。如何才能保持积极乐观的心态呢？重点注意以下几个方面：

1. 设定目标时，不要期望过高

我们做事情往往都是为了实现某一目的。因此，当我们在为自己设定目标的时候，不要给自己太高的预期，还必须考虑到各种随时可能发生的紧急情况，留下一定的暂缓空间。只有有了这样的目标，并通过自己坚持不懈的努力奋斗，才能实现预期，甚至超出预期，为我们带来惊喜和成就感。相反，如果对目标的期望过高，最后会因为无法实现而苦闷不已。

2. 学会自我调适

面对挫折必须保持平和的心态。你要时刻告诉自己，发生的事情已经无力回天了，无论你多么痛苦，结果也不会发生改变。既然悲伤已经没用了，还不如立足现实及时调整自己的状态，将满心的怨气化作动力，激发自己前进。

可以选用多种方式转移自己的注意力，让自己想一些开心的事情，让自己心情放松，让快乐的情绪占据你的心，从而赶走那些消极情绪，直到这些消极情绪完全消除，不再左右你的判断。

3. 学会自觉疏泄

人们伤心郁闷的时候，习惯于保持沉默，这种状态其实是非常不好的情况。特别是对女性朋友来讲，郁积在心是非常有害的，这个时候要学会向自己的丈夫、好姐妹倾诉心中的愤懑和抑郁。这样，在和他人倾诉交流及沟通的过程中，你的消极情绪便会被宣泄出来，心中的郁结也就能得到舒展和缓解；另外，在别人的倾听、开导和劝慰之下，你也不会死钻牛角尖，可以换个角度考虑问题，从而摆脱沉重的精神负担及压力。

4. 培养乐观开朗的性格

想要摆脱不良的消极情绪，培养自己乐观开朗的性格是最有效的方式。我们需要保持开朗豁达的心态，面对眼前出现的问题，不要以为这就是生命中不能逾越的挫折了，更不能因此就悲观失望、记挂在心。其实生活中还有很多美好的事物，它们会让我们轻松愉快，时刻保持积极乐观的心态看待自己的生活。

◇ 永不放弃 ◇

消极心态
会排斥美好事物

消极情绪的产生不外乎以下几种情形：

第一种就是设定目标时完全不切实际，没有考虑到现实生活中可能遇到的问题，最后因为没能实现目标而沮丧不已，甚至意志消沉、悲观失望。

第二种就是当事人意志力不坚定，遇到一点挫折就懦弱退却，对万物失去信心，从此一蹶不振。

第三种就是在错误的价值观、人生观的引导下，自以为看破红尘、参透万物，将理想信念全都抛诸脑后，于是每天无所事事，不务正业，浑浑噩噩，虚度光阴。

不管是哪一种情况下产生的消极心态，无疑都会抵触美好的事物和情绪，让人们以为生活了无生趣。

23岁的杨路大学毕业后，在一家外资公司就业，和同公司的女职员小艺可谓是一见钟情、彼此都有好感。没过多久两人就同居了，但是两星期之后，小艺一声不吭地搬走了,杨路从此就陷入了无限的痛苦和烦恼之中。平时的他活泼开朗、爱说爱笑,现在变得沉默少语、闷闷不乐。晚上经常失眠多梦,白天就昏昏沉沉的,眼看着一天天瘦下去,对身边的所有事物都失去了兴趣,觉得自己根本就不应该来到这个世界上。他每天都怨声载道的,还说自己对不起父母,不如一死了之,这才是解脱。

恋爱的失败让杨路陷入了无限的绝望和痛苦之中。长期这样下去,人的心就彻底"死"了,人们常说"哀莫大于心死",心理疾病随之而来,严重的还可能会产生轻生的念头,想结束自己的生命。

在情绪消极的人眼中生活没有什么美好可言,就像杨路那样,觉得自己就不该来到这个世界上。这种消极心态对人的精神和心理都是一种摧残,因此我们必须及时调整自己的这种不良情绪。下面是几种常用的方法。

1. 参加锻炼

体育锻炼有益于人的身心健康,对调节消极情绪是有非常好的作用的。慢跑、徒步、游泳、太极、健身操等都是不错的体育项目。

2. 改善营养

维生素 B 对情绪的改善是非常有帮助的,全麦面包、蔬菜、鸡蛋等都富含大量维生素 B。

3. 走亲访友

和身边的朋友、师长交流，向他们倾诉自己遇到的事情，以宣泄消极情绪。

4. 乐观幻想

有的人面对一点点困难就会把事情想得非常糟糕。要克服这种心理，可以时刻提醒自己进行乐观幻想，不把一点点鸡毛蒜皮的小事都想得那么坏。

5. 勤奋工作

集中精力投身于自己热爱的事业中，人们就不会纠结于那些所谓的忧愁与痛苦。

6. 外出旅游

当你遇到烦心事，心情不好的时候，游走名山大川能消除你的疲劳和烦恼。

7. 看电影

心情不好的时候，看一部喜剧电影，不失为一个转移自己注意力的好方法。

正是"糟透了"的定义方式
影响了我们

　　生活中，我们不可能全部都是一帆风顺的，面对困难和挫折情绪悲观的人想到的一定是最坏的一面，哪怕芝麻大点的事情在他们那里都是"糟透了"。

　　"糟透了"其实是在给自己进行非常消极的心理暗示，是说事情严重到了无法挽救的地步，就像地球马上要毁灭了似的。如果你固定地形成了这样的思维模式，即使一点点挫折也可能让你陷入绝望境地，让你从此一蹶不振，输得一塌糊涂。

　　与"糟透了"相反的心态是"太好了"。面对同样的问题和境遇，这不同的三个字就直接影响着你看问题的态度，也决定了你快乐与否，是采取积极的措施去应对还是选择消极避世、坐等失败。人的心情好坏直接取决于你看问题时所持有的态度。

　　一个老太太生了两个女儿，大女婿是卖伞的，二女婿则以卖草帽为生，她当然希望自己的两个女儿家里生意每天都好。

于是，阳光灿烂的时候，老太太就开始发愁地唠叨："大女儿家的伞不好卖了，以后的日子肯定不好过了。"好不容易盼到了下雨，她又为老二操心："一下雨草帽就没人要了，我这二女儿家哪里还有生意啊？"所以，不管天气好坏，老太太一直都是闷闷不乐、眉头紧锁。

一天，老太太的一位邻居看到老人家又在发愁了。他实在看不下去，就开导这位老太太："下雨的时候你就想大女儿家的伞肯定生意好；阳光灿烂的晴天你就该想二女儿的草帽肯定卖得好。不管晴天雨天，女儿们都有生意，你还有什么可发愁的呢？"

听了邻居的开导，老太太的眉头舒展了，自此以后她的脸上总是挂满了笑容。

同样一件事情，因为不同的心态，就得出了不同的结论。正如英国作家萨克雷所说："现实生活就是摆在你面前的一面镜子，你笑，它也笑；你难过的时候，它也不会开心。"

在我们的生活中，每天都在发生着各种各样的事情。事物都有两面性，从这个角度看到的是快乐，但是换个角度可能就是无尽的烦恼。我们怎样让自己保持平和的心态呢？遇事不妨多往好的方面想想，久而久之好运自然会伴着你。

36岁的玛丽离过婚,还流产过两次。现在的她对自己的婚姻也没有太高的要求,生个孩子是她最大的心愿,因为她觉得女人不生孩子,人生就是不完整的,但是她的经历让她觉得现在的生活状态实在是糟糕透了。自从离婚之后,她到现在还没有合适的对象,更别提生孩子了。因此,一想到这些她就非常郁闷。

一段时间过去了,她还是没什么希望找个合适的对象,她整个人也被笼上了一层乌云,更加忧愁了。碰到朋友,她就不停地絮叨自己现在的悲惨境地,并且"糟透了"已经变成了她的口头禅。其实玛丽也非常清楚,不生孩子也没什么,主要还是因为之前两次不愉快的情感经历,还有就是她一直以来都想生个孩子的愿望太强烈了。

不知过了多长时间,玛丽的工作和生活已经被这种消极情绪完全控制。无奈之下她向心理咨询师寻求帮助。医生努力让她明白这样的道理:她之前的经历确实很糟糕,会让她悲观难过,但是如果认为这就是"糟透了",只会让她更加悲伤;这种情绪经过反复强化还会成为一种绝望的情绪,最后就真的无药可救了。"糟透了"表达的是自己遭受的苦难程度,但是这些悲伤是自己无端妄加的。

心理医生还告诉她说:"根据你的讲述,这些损失和悲伤也确确实实是存在的。但是你不应该人为地再去强调这种感觉,让自己在这样的情绪下饱受煎熬。如果这些不幸遭遇是你所说的'糟透了',你的抑郁感就会不断增加,对你生小孩愿望的实现也是没有帮助的。"

在心理医生的帮助下,玛丽积极配合医生调整心态,逐渐想明白了其中的道理。她只要一想到事情其实没那么悲惨,心中的痛苦也不像自己说的那样严重,原本郁闷的心情就能得到缓解。

于是,玛丽时常这样强化自己的心理:"虽然情况不怎么好,但是绝对不是'糟透了',只是暂时不理想而已!虽然我的悲伤没有消除,但我可以消除自己的抑郁之感。无论多么大的悲伤也没有到达'糟透了'的程度。"

后来,玛丽的抑郁感也就逐渐消失了,她大胆地进行尝试,终于找到了一个合适的对象,最终她有了自己的孩子,实现了自己做母亲的梦想。

"糟透了"表示事情已经糟糕到了极点。回头再看,很多事情并不是像人们认为的那样"糟透了"。除非在你看来"坏"和"糟透了"是同一程度上的表示,否则,真正"糟透了"的事物是不存在的。因此,不要将"糟透了"时刻挂在嘴边说个不停,更不要让它左右自己的生活,因为这样一来你的生活中就失去了灿烂的阳光。

生活中有形形色色的事情。面对你拥有的一切,你要学会珍惜现在来之不易的一切,就算失去了,你也不用自寻烦恼。 好事与坏事总是相对的,"塞翁失马,焉知非福",好与坏本身就是可以转换的,好与坏取决于你看问题时持有的心态。

彻底查杀
体内的冷漠病毒

当冷漠充斥着一个人的内心时，这是痛苦的煎熬。随着冷漠在一个人的体内生根发芽，他的孤独无助之感油然而生，还会觉得自己已经被这个世界遗弃。被冷漠占据心灵的人，觉得什么事情都索然无味，无论做什么都没有兴致。这样的人很容易崩溃，还会觉得在这个茫茫的世界之中，没有一个地方能容得下自己。

卡耐基曾经说过："一个人想要讨人喜欢，想主动改变自己不好的人际关系，或者你有帮助他人的想法，那么，你就必须时刻记住这样一个处事的原则：发自内心地与人交朋友，关心朋友，彻底查杀身体内的冷漠病毒。"

心理学家普遍认为，影响人的友谊的不良因素中，影响最大、危害最深的就是冷漠，这是毒害人心灵的病毒。每个人都渴望身边充满朋友亲人的关爱，但对什么事情都漠不关心的冷漠者，肯定不会去关爱别人。人与人之间的关系是相互的，不爱别人，别人又怎么会爱自己呢？有位哲学家坦言，除了被爱，我们更需要有爱他人的能力。事实就是如此，爱的交易在人与人之间也是广泛存在的，你怎样对别人，别人也就怎样对你。试想你对人冷漠无言，从来不懂得关心他人，你又凭什么去奢求别人对你的关心呢？爱你更是无稽之谈。如果世界没有了爱，开心快乐的生活又从何说起呢？所以，彻底查杀心中的冷漠病毒，让心灵充满爱，心灵的创伤才能彻底被治愈。

那么，消除冷漠有没有什么好的办法呢？下面是常用的一些方法，我们希望这些建议对大家战胜冷漠能够有所帮助。

1. 无论什么时候，都不要怀疑热情

什么是最快的战胜冷漠的办法？毫无疑问是热情。我们不应该质疑热情的效能。假如你做人做事保持高度的热情，那么，这种热情就能慢慢消融你心中的冷漠。

热情能够融化心中冷漠的坚冰。培养热情具体来说有下面三个程序：

第一，对每一个问题都要有深入的探讨和认识。机遇总是和问题、挑战并存的。因此，不管面对什么，即使眼前是挫折和困难，也要带着热情面对。

第二，拓宽自己的知识领域，包括你现在不喜欢的事物。多多地接触自己现在不感兴趣的事情，你对这些陌生的东西了解得越深入，就越能发现其中的奥秘和乐趣，也就更容易产生浓厚的兴趣，有了热情当然能将冷漠融化。

第三，与人谈话时带着真诚与热情。人们当然喜欢真挚热情的人。当感情饱满、热情洋溢地讲话时，你不仅会被自己的这种热情所感染，而且会打动与你谈话的人。保持你的活泼与热情，为消除冷漠提供必要的条件。

2. 尽自己的力量帮助他人、满足他人的要求

当我们通过自己的努力对他人有所帮助的时候，别人才会觉得我们的存在是有价值的，我们也更有存在感，从而会更加热爱生活、努力地生活。

在有可能的情况下，满足他人的愿望和要求，不仅有利于我们实现自己的人生价值和意义，而且对我们建立和谐的人际关系也是非常必要的，也会让我们平时的生活轻松愉快。

3. 将热情付诸行动

将好的想法转化成实际行动，积极的情绪才有存在的价值。一个充满热情的人，需要将自己的热情带入到工作、学习和生活中，这才能从根本上断绝冷漠的产生。

4. 尽可能多地与别人交流

积极地与人交流，冷漠就没有了栖身之地，有利于彼此进行情感的交流和沟通。

5. 语言鼓励

上司常常用话语激励自己的员工上进，老师也常常会鼓励自己的学生不断进步，父母也会用语言鼓励孩子积极进取、战胜困难……由此可见语言激励的作用不可忽视。语言是一个集体进步的催化剂和助推器。同样，当一个人用话语进行自

我勉励的时候，同样能发挥巨大的效力，如同你从师长那里获得了鼓励和赞许。当我们做一件事情的时候，你不妨先用语言给自己精神上的鼓励和暗示，告诉自己热情洋溢、勇往直前，彻底消灭冷漠情绪，这样你肯定会取得与众不同的效果。

6. 欣赏艺术

在文学作品、艺术展览中，人们往往都会为优秀的艺术作品所折服。正如人们认为的那样，懂得欣赏艺术、热爱艺术的人对生活肯定也是充满热情的。假如这些无言的美让你神魂颠倒，你从中获得的将会是无限的带你上进的精神力量，你也不会觉得身边一片冷漠寂静。

7. 接触大自然

释放烦恼情绪的最佳场所就是大自然，如果你情绪低落、感到孤独无助，这时候不妨投入到大自然的怀抱中，散步、登山、郊游，感受大自然的魅力，在大自然中释放心中的烦闷。

烦恼会扰乱
内心的安宁

从不同的角度看待人生，也就会采取完全不同的解决烦恼的方式。人生中存在着这样那样的问题，只有从多角度全面地分析这些问题，才能更深刻地认识到烦恼的本质。

有个年轻人为了摆脱烦恼而不断探寻。他漫步在郊外，听到了一阵悦耳的笛声，循着声音他来到了山脚下。吹笛子的原来是一个小牧童，小牧童整个人的精神状态都是逍遥惬意的。

年轻人走上前问他："你每天都这么轻松自在吗？你就没有什么烦心的事吗？"

牧童说："当我骑在牛背上吹着我最爱的曲子的时候，我就忘记了所有的烦恼。"

年轻人听了他的话，自己也想试试，但是烦恼并没有消失。

因此他继续进行着自己的探寻。

不知不觉眼前出现了一条小河,他在河边看到一个白发老者正在钓鱼,安静闲适、轻松自在、怡然自得。年轻人又走上前问:"你全神贯注地钓鱼,现实中就没有什么让你烦恼的吗?"

老翁笑着说:"当我坐在河边全身心地钓鱼的时候,烦恼的事情就抛到九霄云外了。"

年轻人也尝试着坐下来钓鱼,但是他心中的烦恼依然存在,那些烦恼的事情还在困扰着自己。

他告别了垂钓者,继续着自己的探索。在一个山洞里,他见到了一个满脸笑容、和蔼慈祥的老人家,他就把自己的来意向长者讲明了。

老人微笑着对他说:"有人捆着不让你动吗?"

年轻人觉得这个问题很奇怪:"当然没有人捆我呀!"

老年人说:"既然这样,你为什么不能解脱呢?"

年轻人一想也就这么回事,终于明白自己为什么有这么多烦恼了:自己为自己设置了一个牢笼,把自己关在了里面。

其实世界上没有那么多烦恼的事情,很多烦恼都是自寻的。萧伯纳说过:"很多人活得很痛苦,那是因为他们总是把时间花在担心自己幸福与否上。"如果你不想被这些烦恼的事情束缚住自己的行动,首先就要做到"心无旁骛",不要让那些琐事杂念充斥你的心。

生活中人们长期被许多问题困扰着,归根结底就是因为心中失去了宁静。因为心静不下来,有太多的杂念和牵绊,那么许多烦恼自然也就产生了。因此,想让自己远离那些烦恼,那就先让自己静下心来,因为只有心静下来,世界才是"静"的。

不让贫困
扼杀了斗志

贫困并不能阻止强者前进的步伐，反而是他们取得成功的助推器。未经磨难，就无法得到任何有价值的东西。

贫穷无疑也是一种逆境。但是，对于某些人来说，贫穷会成为他们人生成长过程中的垫脚石。

对于弱者来说，贫穷就像一座监牢，会绊住他们的脚步，成为他们人生前行途中的障碍。相反，对于强者来说，因为他们不甘于一辈子都贫困，进而想方设法寻找出口，最终获得突破，走向成功。

美国前副总统亨利·威尔逊自幼家境贫寒。他幼年时最深刻的记忆，是向母亲要一片面包时，母亲满脸的无奈。

10岁时，威尔逊不得不离开自己的家，到附近的小镇当了一名学徒工，这一干就是11年。在这11年里，每年他都可以接受一个月的学校教育，这是他成功人生的开端。至于这11年辛苦工作的报酬，只不过是一头牛和六只绵羊而已，仅仅能兑换成84美元的现金。

在这段岁月中，他从来没有在娱乐上花过一分钱，而是精心算计着自己的每一分积蓄，因为对他来说，摆脱贫穷是最重要的。

即使在这样贫困的环境中，威尔逊仍然牢牢地把握着人生的方向。他决心利用好每一分钟时间，更不放过任何提升自我的机会。当别人把业余时间放在酒瓶中喝掉，或者卷在雪茄里燃烧掉的时候，他却抓紧每一分钟努力学习。

在他做学徒工的时候，他已经认真读过近千本好书。这些书得来不易，是通过各种方法借阅的，因为他并没有钱买书。

有了知识的积累，他加入了内蒂克的一个辩论俱乐部，并且很快就脱颖而出，成为其中的佼佼者。之后，在马萨诸塞州议会上，他发表了一篇著名的反对奴隶制度的精彩演说，并且取得了巨大的成功。这奠定了他在马萨诸塞政界的显赫地位，并为他以后进入国会打下了坚实的基础。

是的，对于一个强者来说，贫困不能成为其堕落的借口；但每一个弱者，总能找出千百个理由为自己开脱。事实上，很多成功的人士都来自贫困群体，他们都具有很高的逆境情商。

贫困是贫困者辉煌一生的最好磨炼。只有经历贫困后，他们才能笑对人生中的一切坎坎坷坷。因为历经磨炼，他们才更加坚定走出贫困的信心。即使成功之后，他们仍然不会忘记贫困时的经历，因而克勤克俭，兢兢业业，从而取得巨大的成功。

戴尔·史密斯是一家航空公司的董事长，有亿万身家。他曾说："感谢上帝让我出身贫困，因为这让我懂得了如何去奋斗。"

佛兰克·榜德医生逝世时，除了巨额的债务和一个独生子之外，仅仅留给他的妻子卡丽杰考白·榜德4000元保险费的财产。

15年后，榜德夫人完成了乐曲《一日终了》，此曲在短时间内便卖了600万份，她得到了25万元的报酬。

然而，榜德夫人刚开始练习作曲时，连五块钱一支的曲子都没有人要。那时候，她连房租都交不起。到了冬天，由于怕冷，往往终日不敢离床；因为没钱买炭取暖，每天只能吃一餐饭；此外债主们把她屋中的家具也全部搬走了。

她在艰苦环境中坚持作曲。期间，她完成了许多名曲，如《我真实地爱你》就是她在这一时期的成功之作。当她穷得买不起稿纸时，就在包东西的纸上作曲；当她点不起油灯时，就在微弱的蜡烛光下写作。有一次，她想在音乐杂志上刊登一则小广告，宣传自己的作品，可是，她没有那么多钱，就替该杂志的女主笔缝衣服，以换取登广告的机会。

某个春暖花开的日子,榜德夫人和几位朋友出去玩。经过南部加州的花海时,只见常春藤布满两旁,玫瑰花含苞待放,一阵阵清香迎面扑来,这使她的内心充满了欢乐。

黄昏时,她们站在山顶上看落日暮霞,画面十分美丽。等到金黄色的太阳向神秘的太平洋落下去时,她不禁感慨地自语着:"真是,这是一日的终了啊!"

这时,创作的灵感像狂潮般地在她心头涌起,她立刻吟出了动人的诗句,略加修饰之后,一曲新歌一挥而就。

如今这首曲子已经成为一首家喻户晓的歌曲和不朽名歌,打破了当时歌曲界的销售纪录。无论是老罗斯福总统时代,还是哈定总统时代,榜德夫人都曾数次受邀去白宫演唱她那首《一日终了》。

是的,贫困并不可怕,可怕的是被贫困扼杀了斗志。

PART 03

面朝阳光，
把阴影永远留在背后

面对挫折，
积极暗示自己

心理暗示在生活中是非常普遍的，这是我们自身面对外界环境或者发生某件事情的时候，自然发出的信息，而个体在无意识的状态中接收到了这种自然的信息，并及时地用身体本能地做出回应的一种心理现象。暗示的力量不容忽视。积极的心理暗示引导人们不断进取，消极的暗示则会让人颓丧。如果能够巧妙地利用积极的心理暗示，对我们的工作、学习、生活都有积极的帮助。

1960年，任职于哈佛大学的罗森塔尔博士进行了这样一个实验。

就在学校刚刚开学的阶段，校长请两位老师到办公室来，对他们说："你们在过去的几年里，教学成绩突出、表现良好，你们被评为全校最优秀的两位老师。为了表示对你们多年教学成绩的奖励，今年学校从入学的新生中选出了最聪明的学生组成两个班，而你们就是他们的班主任。一定要注意，你们教的孩子都是千挑万选出来的，智商远在同龄人之上。"但是校长一再向老师们强调："你们在教育教学的过程中，不能将他们特殊化，更不能让学生或是家长知道这些孩子是刻意选拔出来的。"得到了这样奖励的老师非常自豪，在教学工作中更加尽心尽力了。

一年过去了，这两个班的孩子确实是智商最高的，他们的成绩在全校各班中也是最优秀的。当他们向校长汇报自己的教学成果时，校长却告诉他们说："这两个班的学生的智商其实和其他班的学生的智商差不多。"两位教师一时难以置信。

随后，校长还揭露了一个更大的事实：你们也不是什么表现最好的老师，只是随机抽选出来的。听到这几句话，两位教师完全震惊了。

但是不论教师怎样吃惊，这一切都在校长的预料之中：两位老师对自己班上孩子的智商都深信不疑；对自己的能力也有十足的把握，完全相信自己是最优秀的；他们开展教育教学工作的时候信心百倍，在工作中投入了百分之百的热情和努力。

罗森塔尔博士的实验启发我们思考：无论准备做什么事情，如果能准确地利用积极的心理暗示，将会信心满满，有不竭的前进动力。 如果对自己的能力信心满满，那么何愁不会成功呢？ 面对随时都会出现的问题，我们不妨用这样的心理暗示告诉自己：你是独一无二的，你是最优秀的，那么最后结果会证明你的暗示是正确的。

一天，有位老先生到药店买药，按照规定，买这种药必须出示医生的药方。但是老先生没有处方，药店也不想违反规定。但这位老人不依不饶赖着不离开，无奈之下，老板拿了几片糖衣片给老人家，非常确定地对他说这就是他一直要求的药，还说这药的效力非常好。

这件事过去三天之后老人家又出现在药店了。这让老板非常紧张，以为自己上次违规开的药出了什么大问题，紧张不安地出来和老者会面。让他意外的是老人家这次是来送锦旗的，因为老板上次开的药治好了他多年来的顽疾，他对老板深表感谢。

我们不禁疑惑糖衣片如何能治好顽症？其实真正的帮手是心理作用。我们说的心理作用，说白了就是积极的自我暗示。首先，老先生对这种药的效力深信不疑；其次，老板对药的功效一直赞不绝口，所以普通的糖衣片成为治顽疾的良药。

当然，心理暗示有积极、消极之分，那么在相应的心理暗示之下产生的行为和作用也是截然不同的。有人曾说："财富、成就、荣誉、地位的共同点就是都始于意念。"这个意念就是你给自己的一个心理暗示，它关乎你的未来成败荣辱，决定了你办一件事情是成功还是失败。既然这样，为什么不给自己积极的心理暗示呢？不管面对怎样的困难，你都要对自己说"我是最优秀的，我能行"。

詹姆士·艾伦在《人的思想》一书中写道："如果细心观

察，人们会发现一个人如果改变了对周围的人与事的态度，那么这些事物和身边人对他的意义和影响就真的改变了——如果当事人思想上进、心中光明，他终究有一天能感受到，他的生活已经在无形之中发生了巨大的变化。我们没有能力改变外界固有的事物，但是我们能增强自身魅力去吸引他们聚拢在我们身边，因为，真正关乎一个人气质修养的东西一定是内在的，说到底就是我们自身。很多时候思想的高度就决定了你可能拥有什么。只有具备奋发向上的思想的人，才有可能征服世界、缔造奇迹，最终才能取得成绩。如果一个人思想消极倦怠，整个人呈现出的状态就是堕落和忧愁。"实际上，詹姆士·艾伦反复强调的核心就是积极暗示带来的作用和效果。

那么，在具体的操作中，常用的积极暗示的方式有哪些呢？

1. 对自己说一些自我激励的话语

当我们用语言进行自我激励的时候，一定是那些能带来正面向上力量的语言。如："我是最棒的，我能行""这件事情对我来说就是小事一桩"。

2. 学会使用心理图像

当我们的情绪被消极的思想控制的时候，我们不妨马上转移注意力，想想让你欢欣鼓舞的事情，也可以以那些坚忍不拔的意志克服困难而最终获得成功的人为榜样。榜样的力量是无穷的，他们为了梦想而奋斗的事迹能让我们迅速走出困境迈向成功。

3. 动作也是自我暗示的一个良好方式

当一个人情绪低落、郁闷烦躁的时候，可以通过散步让自己放松；当你面对一件事情紧张不已的时候，可以通过深呼吸让自己平静下来。

4. "包装"自己，改换造型，对自己不断地进行积极的心理暗示

有的人在心烦浮躁的时候，往往会去做一个全新的发型，改变自己的形象，也告诉自己，所有的改变从"头"开始。有的人在心情不好的时候会去给自己买一套新衣服，整个人的精神面貌焕然一新，宣告烦恼的事情已经过去，要用全新的姿态迎接未来。

5. 营造不同的环境进行自我暗示

当你心情不好、压力很大的时候，不妨用悠扬舒缓的音乐调整自己；当自己在生活中完全感受不到快乐与趣味时，你不妨寻找身边普通人的感动与温馨，从这些感动中感受生活的意义和乐趣。

其实，不同的人之间没有什么特别大的差距，但就是这不大的差距，让人们的命运变得截然不同！这个差异就是在面对问题的时候所选择的心理暗示的差异。因此，在我们的日常交往中，有意识地进行积极的自我暗示，然后坚持不懈地努力下去，终究有一天，我们也会成为别人羡慕的成功者。

◇ 积极的自我暗示 ◇

改变思维，
调整心态

有人说，打败一个人的往往不是眼前的困难，而是他自己的意念。一念之间，你的人生境遇也会随之发生改变。很多人在思考问题时，如果持有不科学的思维方式，他们的情绪会更加糟糕；相反，如果对待矛盾和问题，采用正确的思维方式，他们的情绪就是积极上进的，最后也会一步步地引导他们走向成功。事实上，多数情况下，从另一个角度换位思考，你会有柳暗花明的豁然开朗感。

比尔·盖茨在形容人与人的区别时这样说道："人与人之间的差异就看他的头脑和思维。"因此，成功与否的直接决定因素就是人的思维。学会用积极的思维方式消除消极的思想，这就是一个人实现自己人生价值的捷径。

我们也经常强调遇到事情要保持正面的积极的心态，只有光明的思维才可能带来积极的心态。在光明思维者那里，每一个困难中都蕴含着机遇；黑暗思维的人，即使机会就在眼前，他们的眼中也只有失败。

张红是一家小型酒店的前台接待员,她每天的工作就是和来往的客人打交道。来酒店的客人以个体和小企业人士居多。客人在谈业务的时候,各种各样的饭局应酬是不可避免的,有饭局就会有人醉酒,有的不省人事,有的语言粗暴,关于这一点张红觉得非常苦恼。但是顾客就是衣食父母,就算心中有气嘴上也不能说。因此她很不喜欢这个职业。

下面发生的这件事改变了张红的想法。一天下午两点左右,一对穿着讲究的年轻人来到酒店,她按照以往的惯例赶紧站起身来迎接,微笑着招呼他们。但是她发现走在前面的男人一句话都不说,只是满脸微笑地看着她。张红又问能为他做些什么,这时,身边的女人给了男人一个笔记本和一支笔。

男人在纸上写了一行字:"我们是聋哑人,我们用笔交流可以吗?"张红恍然大悟,赶紧点头表示同意。男人接着写:"我们这次主要是来这里蜜月旅行的,你能帮我们推荐一个合适的房间吗?干净、舒适就可以。"张红和顾客一来一回地在纸上问答交流。根据二人提出的要求,张红详细地把酒店的相关房间标准及具体的服务项目写在纸上。

这对来度蜜月的恋人在这里住了半个多月。张红的服务让他们非常满意、开心,进出都主动向张红问好。张红闲下来的时候,他们还会主动走过来和她通过书写进行交流。几天之后,素昧平生的他们竟然变成了好朋友。

经过几天的交流和了解，张红对这对聋哑人夫妇有了深刻的认识，尽管他们在表达上有些障碍，但是他们做的事情是许多正常人都做不好的。他们现在有一间自己的一定规模的盲人按摩店，这次出来一方面是度蜜月，同时也对这里的市场进行简单的调研，因为他们想继续扩大经营，再开一家连锁分店。

听了他们的想法，张红既惊奇又敬佩，因为她心里一直在想：聋哑人本身就有交流障碍，他们又如何做到这么开心呢？难道就没有抱怨过生命的不公平吗？虽然自己身体健健康康的，但每天都还想着生活中那些烦恼的事情。

这对夫妇来和张红辞行的时候，她终于问出了心中的疑惑。她把问题写在纸上："朋友，我现在的生活和工作让我觉得很累，难道你们从来都没有抱怨过什么吗？"

女人甜甜地笑了一下，在本子上写下了这样的话：

"你看我身材多好，那些漂亮的衣服都可以穿；

"虽然听不见但是行走站立都能正常完成；

"我有爱我的丈夫；

"我还能写字和朋友们交流……"

最后，她的结论就是："我关注的就是我拥有的东西，从来不去考虑自己没有的东西！"

随后他们辞别了这位萍水相逢的朋友。张红思绪万千：他们在生活中看到的是积极的方面，而自己看到的却是各种不如意。

这对聋哑人的事例值得我们每个人学习思考。他们对待生活的思维方式其实就是一种光明思维，他们拥有积极健康的心态。人生中要追求的东西的确有很多。如果每天怨声载道，总是想到不如意的那一方面，这个人的思维方式绝对是黑暗的。在光明思维的指引下，我们在困难和逆境面前，也能拨云见日看到阳光和希望。

林语堂曾说过："当你面朝阳光的时候，你就把阴影永远地留在了背后。"生活中遇到挫折和失败是非常常见的。这种情况下，你可以暗示自己：就算这样我还是非常幸运的一类人！起码我还有工作还能养活自己，不是吗？还有多少人因为公司裁员而失去了工作？况且世界上还有很多人在温饱线徘徊，和他们比，我还有什么可抱怨的呢？

成功学大师拿破仑·希尔曾经在美国最有作为的人中进行了一个调查，结果表明，积极的思维对成功的推动作用是很大的。使用积极的思维，你的心中永远都有一盏明灯闪耀，它能驱散你心中的阴霾和寒冷，你的人生也会时刻充满活力！

找一个成功的形象
激励自己

有人说:"那些取得成功的可能性最大的人,他在身边的朋友中可能是成就最低的。这看似矛盾的话是什么意思呢?因为当你周围的人都是优秀的、能力在你之上的人的时候,你和他们相处时能从中获得进步;如果你身边的人各个方面还不如你,这种情况其实对你是非常不利的。"

美国学者约翰·麦克斯韦尔说:"榜样的力量是无穷的,它是唯一可以影响他人的因素。"因此,当我们在为成功而不断努力的时候,不妨先找一个榜样作为自己的精神支撑,用身边的榜样来激励自己不断前进。

有一个法国人,到了不惑之年还是没有什么成就,他频繁地换工作、失业,一直动荡不安、四处漂泊。妻子实在忍受不了决定离他而去,离婚的时候还将他们唯一的儿子也带走了。面对工作的压力和家庭的剧变,他整个人完全变了,一点小事情就会引发他的怒火。渐渐地身边的朋友都离他而去,因为大家也担心他随时都会做出些难以控制的事情。最后,他流落街头,以乞讨为生。

一天,他来到一个新的小镇开始乞讨,由于走了很长时间的路特别疲惫,无意间就坐在一个看手相的摊位面前休息。突然,一声大叫传入他的耳朵:"上帝啊,伟大的拿破仑先生,你怎么可能会出现在这个地方?"

"什么?"他满脸的疑惑,"拿破仑在哪里,我吗?我看你这是在说梦话呢吧?我是个要饭的乞丐!"

"不,"看相人说,"其实现在的你是拿破仑转世,所以你继承了拿破仑的智慧,甚至你的长相、你身体里的血液都是拿破仑的,莫非你一直都不知道吗?"

"怎么可能?"他说,"我现在是一路乞讨无家可归至此的。"

"先生,"看相的人接着对他说,"你说的这些都已经过去,且看三年后,你绝对是法国最伟大的人。"

从那之后,这个流浪汉就把自己与拿破仑联系起来了,只要是关于拿破仑的书他都会去读,并以拿破仑为榜样,学习他的处世方式、战略智慧。不久,他有了一份新的工作开始自我谋生,几年后,他成了一家公司的老总,生意经营得非常好。又过了十年,他已经是拥有亿万资产的富翁了。

榜样能产生巨大的力量,因为以成功者为榜样学的是成功,如果跟着失败的人就只能导致失败。所以我们要善于从身边的优秀人才中挖掘他们的长处,再结合自身条件转化成自己的,慢慢使自己也成为一个成功的人。

保持一颗单纯的心，
才会更快乐

人生虽然短暂，但有很多幸福美好的事情值得我们去追求。我们追求理想、智慧、真理，当然还有金钱、名誉和地位。追求了就会有回报和收获，当然有些我们一直追求的，但实际上对我们来说是用不着的、无意义的事物。这些无意义的事物，不仅会让我们滋生虚荣心理，还会演变成沉重的包袱。

随着年龄的增长，人的心也越来越复杂，但是生活还是一如既往的简单。其实这份简单足以使人宁静下来，保持宁静也能让人战胜挫折、更加快乐。

佛家有一个关于雪峰法师的故事千古流传。

一日，小和尚玄机开始抱怨每天都进行的打坐参禅，他想："每天这样坐着，我这是在逃避生活吗？打坐的目的是清除心中乱七八糟的念想，而抽鸦片也可以，这两个还有区别吗？"

他越想越糊涂,也失去了信心和希望,于是想和雪峰禅师探讨一下这个问题,听听禅师的见解。雪峰禅师看到小和尚玄机,一方面肯定了他的向佛之心,同时也看到了他无意间流露出的本性中的缺点,就随便问他:"你从何处而来?"

"大日山。"

禅师笑了笑,问了他一个问题:"太阳出来了没有?"这句话其实是在试探他有没有悟出禅理。

玄机也想到这是雪峰禅师的故意试探,心想:"我要是回答不出这个问题,那我这几年不就白浪费时间了吗?多丢人呀。"于是得意扬扬地说:"要是艳阳高照,哪里还有什么雪峰可言呢?"

雪峰禅师听了这个回答感觉有些失望:"您的法号?"

"玄机。"

雪峰心想:"这么狂妄傲慢的小和尚,心中还有许多杂念未除,我来点化他一下!"接着问道:"那你每天能织多少?"

"寸丝不挂!"玄机马上回答,他心里还得意地想:"这么简单的问题能难得住我?未免也太不把我放在眼里了!"

雪峰见他还是这样傲慢无礼,再次叹息,心里想:"我的本意是提醒他、点化他,他却只知道一味地和我争辩,如此目中无人,竟然不知道自己的心已经被名利占据!"

玄机看雪峰被自己驳得答不上话来,就准备走了,还是一副得意扬扬的表情。

　　他刚刚转身就听到雪峰禅师的声音:"你把袈裟拖在地上了。"听了这话玄机就转过头来,看到袈裟根本没有拖到地上,而雪峰禅师笑着说:"好一个寸丝不挂!"

　　其实,简约就是一种幸福。一个人如果总想着追求奢侈复杂的生活,被强烈的欲望控制着思维,那么他就会每天都生活在烦恼和为名利的钩心斗角之中,心中当然没有快乐可言。越是复杂的事情就会花费人们越多的时间;日益膨胀的欲望很可能将人埋葬。与此相反,因为简单,我们更容易找到很多快乐;因为坚守,我们会充实地度过每一天。人生的基调是平淡,只有简单才是生活的真正意义之所在。

　　世界上的每个人都有属于自己的角色,即使是简单平凡的生活,你也能找寻到那份属于你的幸福。

用积极的自我形象
来消除心中的阴影

心理学对形象的解释是,某个事物经过人的视觉、听觉等器官处理之后在脑中留下的整体印象,换句话说形象就是各种感觉在脑中的再现。

自我形象的重新塑造就是改变原来的失败者的形象,重新树立起成功者的形象。成功者都知道塑造积极的自我形象的重要性。根据专家的权威研究:自我形象、个人心理和精神上的观念在很大程度上决定着人的行为成功与否。

人脑中形成的不同的形象直接决定着不同的行为方式,在挫折、困难面前我们常常会产生负面的情绪,而使自己深陷在这种痛苦中不能自已,这个时候我们需要一个全新的形象来代替这个失败者的形象,让我们重新树立信心勇敢生活。

自我形象的引导作用是强大的。

有一个从小就立志成为舞蹈演员的小女孩,多年来她的脑中一直有一个舞者翩翩起舞的画面,而台下的观众用激烈的掌声回馈自己。这样的情形牵引着她，激励她坚持不懈地练习舞蹈，一有时间就会去想某个舞蹈动作。有了这样的梦想的推动，她才能不断成长进步。

不同的自我形象带给人的结局也是截然不同的，消极的自我形象，最终只能将人引向失败。当我们弄清楚了自我形象起作用的原理，人生也会从此与众不同。一个让你不满意的自我形象，会阻碍你的快乐。因此，如果你渴望得到快乐，首先就要肯定自己、对自己感到满意。可以通过以下方式重塑自我形象。

1. 正面描述自己的形象

你对自己的描述就是你将会成为的样子。无论面对怎样艰难的境遇，都要给自己积极的心理暗示，不断增加自我的满意程度，不要因他人的言语打击而一蹶不振。

参照下面这段话，用这样的模式对自己的形象有一个客观的描述："我有自己的个性，我人缘好，我是最棒的。"你可以任意写很多类似这样的话，目的就是去除自己的负面情绪和想法。

当你发现自己的不足时，可以从正面角度切入来向自己提问，这样一来就不会陷入被动，从而能更快地重塑形象："有些事情我可以做得更好，那么具体是指哪些方面呢？""假如我能改掉现在哪些不良的习惯，就能让我的生活更加快乐呢？"

2. 要热爱自己

每个人都有自己的长处与不足,生活中要用欣赏的眼光看待自己的优点和长处,多看看自己的强项,不要用自己的短处和别人的长处去比,不要自寻烦恼。

也许你一点都不喜欢现在的自己。你可能对自己身体的某个部位不满意,或者对身高体重都有些不满,也许你从心底认为这些不满意就应该存在着,但是你要明白如果你连自己都不喜欢,你的快乐又从何而来呢？这个时候我们就要重塑形象。

首先必须弄清楚这些不好的印象或言论究竟从何而来。如果这些不好的言论和印象是别人对我们的无端猜测或评价,那请你大胆地摒弃这些。如果你被这些外界的言论所影响,那不仅是庸人自扰,还会被一些愚蠢的人左右。

3. 注意仪表

经常保持灿烂的笑容。早晨出门前照照镜子,带着欣赏的眼光看待镜子里的自己,然后对着镜子里的自己说："你是最棒的,我支持你""你今天真是太漂亮了,真有魅力"。欣赏自己有利于提升你的自信心。慢慢地,信心十足的你会逐步走向成功。

避免消极的
自我暗示

自己暗示自己,从心理学上说,就是个人利用言语、形象、想象等方式,来影响自己的心态的过程。这种自我的暗示,常常会潜移默化地使自己的心理、生理状态发生改变。尤其是对于生病的人来说,正向的心理暗示,能使病人拥有战胜疾病的信心,培养起良好的心境,因而有助于稳定病情和消除病根。而负面的心理暗示则会对人体的生理和心理健康产生消极影响,导致身体各个器官的功能发生紊乱,抵抗病毒细菌入侵的能力下降,使各种疾病攻击身体。

有一位老同志整天疑神疑鬼,总觉得自己身患不治之症,被吓得整天忧心忡忡,吃不好,睡不着,他的样子好像真的得了癌症一样。后来去了很多家医院,发现根本没有患癌症,他才慢慢康复过来。相反,另一位老同志患了结肠癌。他并不把这事放在心上,觉得人活着总有离开这个世界的一天,能够多活一天就是自己赚来的,他将癌症当成自己的敌手,相信"两军相遇勇者为王",他不断地鼓励自己:"只要自己在精神上坚持到底,就能战胜癌症,身体也会一天天恢复健康。"吃药的时候他就做自我暗示:"这药效果很好,肯定能治好我的病。"走路的时候也在鼓励自己:"生命在于运动……"这种长时间的积极的心理暗示给他带来了好处,10多年来,病情得到了控制,并且症状越来越轻,他自己也对生活充满了希望。

通过上面所举的例子,我们知道不同的心理暗示对人的影响是不同的。自我暗示疗法是法国医师库埃于1920年首次提出的,他有一句很出名的话:"我每天在各方面都越趋完美。"他要求自己的病人每天都说这句话,很多病人最后都恢复了健康。其实,暗示疗法就是让病人拥有一个好的心态,有一个积极的情绪,有打败疾病的念头,这样,人的所有正面的力量都会被调动起来,充分发挥人的主观能动性。古人常说的"情急百病增,情舒百病除"说的就是这个道理。美国新奥尔良的奥施德那曾经做过这样的调查,发现在连续生病入院的病人中,76%的人是因为心理原因导致生病。这就提示我们:情绪主宰着我们的健康,不管什么事都想想有利的一面,自然就能让疾病远离自己。

负面的自我暗示常常会导致疾病。在现实生活中随处可见因为内心的焦虑、仇恨、恐慌或者是犯罪感,而给自己的健康带来负面影响的例子。

积极的心态会对人体健康产生正面影响。有人曾经这样说:"有两件事不利于心脏健康:一个是跑着上楼梯,另一个是说别人坏话。"这两点不仅仅不利于心脏健康，并且对人的身体有很大的危害。因此，人要尽量做到豁达开朗，学会宽容别人。

很多家报纸都曾经报道过这样一则新闻：

一名男子在过马路时被车撞死了。验尸报告上说，这个人患有肺炎、胃溃疡、肾脏和神经衰弱等多种疾病。但是，他的寿命竟然达到了84岁。给他做尸体化验的医生说："这个人身上每个器官都有毛病，一般人，都活不过30年。"有人问他的妻子，他是怎么活下去的，她说："我的丈夫一直都深信不疑，明天的他会比今天的他过得更加快乐。"

还有人觉得，在使用积极心态暗示方面，多用些积极的表达方式，对健康也大有好处。语言文字可以产生巨大的影响力。如果你常常给自己的身体健康情况冠以正面的词汇，就可以激发出对身体健康有益的力量。

曾经担任美国精神治疗协会会长的卡特博士在谈及一个人所持的态度对其健康产生的影响时，甚至不赞成人们用"我今天不会患病"这样的言语方法。他觉得这样说还不算十分积极，应该换成"我今天比昨天更加舒服了些"，这才是乐观积极的言语。卡特博士说："肯定的态度是有事实依据的，这些事实来自生物学、化学、医学等各门学科的知识。合适的积极评价肯定对你的健康大有好处，使你的寿命更加长，让你精神焕发，幸福感更强，因而在各方面获得更多的成就，最重要的是能让你保持最宝贵的心态——内心的宁静与平和。"

学会
内心练习

在内心深处,定格着一张自己的画像,然后,向前移动并与之吻合。替自己画一幅失败的画像,这足以导致你的失败;替自己生动地画一幅获胜的画像,就足以助你大步地迈向成功之路。你心目中的画像指引你的人生——你希望做什么事,成为什么人。

此前你内心的图像,大多是源于过去的经验,自己加以定义所画出来的想象图像。现在你可以用以前形成不合适的内心形象的方法,创造一幅适合的内心形象。

很多人发现,倘若人们幻想着自己坐在文艺片的大银幕前面,正在欣赏着自己演出的文艺片,效果往往会更好。最重要的一点在于:尽量使影片生动细腻,尽量使影片与实际接近,只要你在想象的环境内,注意到细节、景观、声音与事物,就不难做到这点。有个对牙医深感恐惧的病人,就用这种方法克服缺点,起先,她并没有成功。后来,她开始注意到想象图片中的细节,诊所里的消毒水的味道,椅子把手上皮革的感觉，医生手靠近时取牙钻子的感觉等等，终于她不再恐惧牙医了。在此练习里，想象环境的细节显得非常重要，为了实现最终的目的，你必须制造实际的经验。如果你的想象够生动、够细腻，那么想象练习就与实际更接近。

此外还应记住的是，在半小时内，你看到自己的行动与反应必须是适合的、成功的与理想的。你不必为未来的梦想培养信心，神经系统会适时处理它——你只需要不断地练习。看到你自己正在行动，正在感觉，正在"变成"你希望成为的样子，不要对自己说："明天我要这样做。"只要对自己说："今天这30分钟，我要想象自己正在这么做。"倘若想象自己已经成为你想成为的人，你会有什么样的感觉。倘若你温柔腼腆，那么想象着你正在人群之中泰然自若，对一切应付自如，并因此而感觉舒适；倘若某种场合使你恐惧不安，就想象着你正镇静地、随心所欲地自然行动，由此变得豁达自信。

现在的练习是为了把新的"记忆"或储藏资料送进潜意识神经系统。经过一段时间的练习后，你会惊喜地发现找到自己的不同是如此容易。因为你已将真正的和想象的记忆送入潜意识里，现在不舒服的感受和行为是自发的，你会的潜意识对积极的与消极的思想和经验都会自动进行操作。

PART 04

肯定自己，
人生没有承受不了的事

多对自己
进行肯定

每个人都有专属于自己的优点和缺点,也都有自己的作用和能力,就像是一只小小的螺母、一个小小的贝壳,把自己摆在正确的位置上就能创造很大的价值。无论什么时候都不要放弃自己,要相信你是造物主创造的唯一的一个,你在这个世界上是独一无二的,只要摆正了你的位置,你就会缔造神话,实现价值。

一个从小在孤儿院长大的小男孩,经常伤心难过地追问院长:"像我这样被别人丢弃的孩子,还有什么值得我活下去的呢?"

院长总是一脸和蔼地鼓励他:"孩子,不要泄气,谁说别人都不要你了?"

有一天,院长把一块普通的石头交给这个小男孩,叮嘱道:"明儿赶早,你拿着这块石头到市场上售卖,但不是真的要你卖掉它。要记住,不管别人出价多少,你都不能卖给别人。"

小男孩一脸不解的表情接过了石头。第二天,男孩丝毫没有底气地在市场里卖石头。让人惊讶的是,竟然有很多人想买他手中的石头,并且一个比一个喊价高。男孩按照院长的吩咐,没有卖给任何人。晚上回到孤儿院之后,他兴奋地将经过告诉了院长,院长笑了笑,让他明天继续拿着这块石头到黄金市场上卖。在黄金市场,这块石头的市场价格已经达到了昨天的十倍,男孩还是没有把它卖了。

最后,院长让小男孩拿着这块石头到宝石市场上作展品。结果,这块石头的价格又猛涨了许多。因为男孩不管多高价都没有卖出手,这块石头被人们奉为"稀世珍宝",参观者纷杳而来。男孩拿着这块石头高高兴兴地回到孤儿院,他激动地将情况告诉院长。院长用热切的眼神看着男孩,慢慢地说道:"生命的价值好比这块石头,在不同的地方就会有不一样的价值。一块很普通的石头,因为你的珍惜、不舍得出售而使得它的价值提升了,被奉为稀世珍宝。你不就和这块石头一样吗?只要自己有自信,懂得抬高和看得起自己,生命就存在意义、存在价值。"

一块石头有它自身的价值,主要看它所处的环境。 人的一生也是如此。 人生最大的损失,除了丢掉人格之外,就要数丢掉信心了。 当一个人失去自信时,就已经失去了成功的基础,就像是没有脊椎骨的人无论如何也无法站起来一样。

尝试着从微小的事情中感受成功带来的喜悦，找到自己失去的自信，在自信中使自己的价值得到提升，这是取得成功所必备的心态。

记住：每个人都有优点和价值，万万不能轻而易举地否定自己的存在价值。

◇ 克服自卑的方法 ◇

▲ 多和积极乐观的人相处

▲ 专注过程,停止比较

▲ 学会从小事中获得成就感

▲ 寻求心理医师的专业帮助

人生没有
承受不了的事

每个人都拥有惊人的潜力,有些时候,那些你认为自己无法承受的事情却往往能够咬牙坚持下来。 只要拥有自信,就没有过不去的坎。 只要自己勇于接受挑战,就能承受住各种考验。 等到你逐渐适应了这些磨难,你就会有意外的收获。

帕克是一家汽车公司的职员。不幸的是,工作上的一次意外事故使他永远失去了右眼。之前积极乐观的帕克,在这件事后变得沉默寡言。他不敢到外面去,因为他无法面对那些向他残疾的眼睛投来的各种各样的目光。他无限期地延长了自己的休假,家庭的重担全部压在了妻子艾丽丝身上。她深深地爱着自己的家和丈夫,期盼自己的家庭能像以前一样无忧无虑。艾丽丝相信随着时间的流逝丈夫心中的阴影总有一天会消除。

更为不幸的是,帕克剩下的那只眼睛的视力也在逐渐下降。一个天朗气清的清晨,艾丽丝惊讶地发现丈夫已经分辨不出在院子里踢球的儿子。而之前,即使儿子在很远的地方,帕克都能看得到。艾丽丝没有说任何话,只是走到丈夫身旁,动作轻柔地抱住他的头。帕克说:"亲爱的,我已经知道接下来会发生什么了。"

艾丽丝控制不住地流下了眼泪。事实上,妻子很早之前就已经知晓,但是央求医生不要告诉已经承受了巨大打击的丈夫。明白自己将会失明的帕克却变得比之前更为平静,妻子为此十分担心。艾丽丝明白光明的日子对帕克而言已经所剩无几,希望可以给丈夫留下美好的画面。接下来她总是花大量的精力打扮自己和儿子,还时常光顾美容院。当站在丈夫面前的时候,她总是努力用微笑来掩饰内心巨大的悲伤。

时间又过去了几个月,帕克对妻子说:"艾丽丝,你的套裙旧了吧?"

艾丽丝答道:"真的吗?"她跑到一个在他视线范围之外的角落低声啜泣。在阳光下,艾丽丝那件套裙的颜色鲜艳欲滴。她在认真思考,还有什么能永远留在丈夫的心里。次日,艾丽丝找来了一个油漆匠来粉刷家里的家具和墙壁,这样一个新家的景象就会一直留在丈夫的心里。工匠做得很细致,一边忙着干活,一边还不停地吹着口哨。所有的家具和墙壁终于在一周之后焕然一新。对帕克的病情,工匠也有了了解。工匠对帕克说道:"很抱歉,我的活儿做得太慢了。"

帕克说:"你每天都这样开心,让我也觉得开心起来。"结算报酬的时候,油漆匠在原来的价钱上减去了

100元。夫妻二人说道："你把工钱算少了。"

油漆匠说："我拿的已经很多了，一个人能那么平静地等待失明的到来，你让我知道了勇气是什么样子。"然而，帕克一直坚持多付100元给油漆匠，他说道："你也让我明白了，残疾并不就意味着无能和与生活的快乐绝缘。"原来帕克发现工匠只有一只手。

身体的残缺是无法影响一颗乐观向上的心的。你必须懂得生活，只要勇气尚在，你人生的斑斓色彩就不会失去。每个人都具有无穷的潜力，人的心灵不会被世界上的任何事情击倒。只要保持自信的心态，生活中没有什么是无法承受的。

相信自己
一定会成功

有这样一个故事：

  一个纽约的商人碰到一个衣衫褴褛的铅笔推销员，顿生同情之心。他给了铅笔推销员1美元，就打算走开，但他想了一下，又停下来，从盒子里拿了一把铅笔，并对卖铅笔的人说："咱俩都是商人，只不过经营的商品不同。"

  几个月后，在一个社交场所，一位衣着整齐的推销商迎上这位纽约商人，并做自我介绍："您可能已经忘记我了，但我会永远记得您，是您让我重拾自尊和自信。我一直认为自己和乞丐没什么区别，直到那天您买了我的铅笔，并告诉我，我也是一个商人。"

  "推销员"把自己当作乞丐，正是缺乏自信的表现。 然而从纽约商人的一句话中，"推销员"又找到了自尊和自信，并开始了全新的生活,从中可见自信的力量。缺乏自信往往是性格软弱和事业不能成功的关键因素。对此,著名的推销员齐格深有感触。

齐格曾参加过一个在北卡罗来纳州查勒提开办的、由田纳西纳什维尔的梅里尔指导的全日制培训课程。

培训结束后,梅里尔先生把齐格单独留下说:"你有很大的潜力,你可以成为一个了不起的人,甚至一个全国优胜者。我完全相信,假如你真正投入工作,并真正相信自己,你会获得成功。"

说真的,这些话让齐格震惊了。他回忆道:"当我是个小男孩时,我长得很瘦小,就算穿得最多时也没超过120磅。我上学后,自从五年级开始,放学后和周末的大部分时间都用在学习上,对运动方面也不是很积极。此外,我很胆小,直到17岁才有勇气和女孩约会,并且还是别人指定给我的一个盲目性约会。一个从小镇中出来的小人物,梦想回到小镇上一年赚5000美元,我的理想仅仅如此。现在却忽然有一个受我尊重的人对我说'你能成为一个了不起的人'。"庆幸的是,齐格相信了梅里尔先生的话,开始像一个优胜者一样思考、行动,把自己当作优胜者,于是,他真的就是个优胜者了。

齐格说:"梅里尔先生并没有教给我太多的推销技巧,可是在那年年底,我在美国一家拥有7000多名推销员的公司中,取得了销售业绩第二的好成绩。我的私家车由克莱斯勒车改成豪华小汽车,并且有望获得进一步提升。第二年，我成为全州报酬最高的经理之一，再后来，我成为全国最年轻的地区主管。"

齐格在碰到梅里尔先生后，并没有学到具体的推销技巧，也不是他的智商提升了 50 点，只是梅里尔先生让他相信自己有获得成功的潜能，并给了他目标和发挥自己潜能的信心。假如齐格不相信梅里尔先生，梅里尔先生的话也无济于事。

每个人都要相信，自己对完成一件事情具有天赋和才能，并且，不管付出多大的代价，都要把这件事情完成。每当事情完成时，你要能够问心无愧地说："我已经尽力了。"一个人只要有自信，就能实现理想。

勇于走
自己的路

纵使别人真的不认可你,你也没必要太在乎,因为他们很可能是错的。

1786年,莫扎特的歌剧《费加罗的婚礼》重演,落幕后,拿波里国王费迪南德四世,直白地感慨:"莫扎特,你这个作品太吵了,音符用得太多了。"

我们可以不责备不懂音乐的国王,可是美国波士顿的音乐评论家菲力普·海尔,在1873年提出:"贝多芬的第七交响乐,要是不设法删减,早晚会被淘汰。"

乐评家不了解音乐,那么音乐家了解吗?柴可夫斯基在他1886年10月9日的日记上说:"我演奏了勃拉姆斯的作品,这家伙毫无天分,眼看这样平凡的自大狂被人尊为天才,真叫我忍无可忍。"

有意思的是,乐评家亚历山大·鲁布,1881年就提前替勃拉姆斯报了仇。他曾评论说:"柴可夫斯基一定和贝多芬一样聋了,他运气真好,可以不必听自己的作品。"

戴维·克罗克特的一句名言是:"确定你是对的,然后勇往直前。"

每一个人,不管是贩夫走卒还是英雄人物,总有遭人指责的时候。实际上,越成功的人,受到的指责就越多。因为没有关注就没有指责。

多数人觉得自己生活不开心,是因为他们深受别人的影响。这样的人,就是在"为别人活着",一举一动都受别人的评论所左右,反而限制了自身能力的充分发挥。

有的人对别人没有讲出口的话或者无意的指责和非议过于敏感。如果你认为受人藐视(不管是真的还是想象的)而心有所感,那么,别为此跟他人生气。批评别人会让人对你产生厌恶感或对你冷漠,也可能会让你一无所有。批评容易引起摩擦,惹出你心理上早就有的反应。要知道人人都有自己的想法,而这些想法不可能都正确。

回想自己是否太过敏感,你是否太在意别人对你的看法。你力求尽善尽美的同时,是否隐藏着内心的消极态度?对别人的指责你是否耿耿于怀?如果确实如此,那么你应该自省了,并制定出与自身利益和技能相结合的目标。

强者善于自我激励

芬妮·赫斯特最初来到纽约，想要把写作转化为财富。这种转化并没有瞬间成功，但最终还是实现了。有4年之久，赫斯特小姐的足迹踏遍了纽约人行道。她日夜不停地工作并怀抱梦想。当希望日渐渺茫时，她没有这么说："好吧！百老汇，算你赢了！"她说的是："很好，百老汇，你很少被人打倒，但是，那可不是我！我会逼你放弃。"

在她能有一篇故事刊登在周六晚邮报之前，这家报社已退了她36次稿。这要换作别人可能在遭到第一次退稿时，就会选择放弃了。而她踩了4年的人行道，因为她下定决心一定要赢。

随后，回报来了。魔咒一下子消失了，无形的向导已考验过芬妮，芬妮也顺利过关了。从那以后，出入她家的出版商络绎不绝。钞票来得飞快，她都来不及数。接着是拍电影的人发掘了她，之后钞票有如洪水泛滥一般向她扑来。

通过某种诱因使人的潜在本能处于激活状态，带动起人的积极性和创造性，让人处于一种有活力的自觉行动的良好状态，从而可以使人的潜力被最大限度地发掘。

自我激励就是将上述过程全部由自己来完成，这是人的一种高度自觉性的表现。自我激励就是自我激发、自身鼓励的过程和方法。自我激励是与感性和理性、情感和意志、心理和生理相伴的复杂过程。

卡耐基曾在书中描述过一个贫穷的荷兰移民宝克。宝克省吃俭用攒钱买了一本《美国名人传全书》，他阅读名人的传记，同时写信给可以找到的名人进行求教，比如爱莫逊、勃罗克、夏姆士、浪番袼、林肯夫人、爱尔各德、秀门将军和戴维斯，他和他们都通过信。他还和他们中间的很多人见过面。这种经历增强了他的自信心，激励了他的理想与志向，改变了他的人生。虽然他没有受过良好的教育，可是他后来却成为美国新闻界一位很有名的编辑。

这种超出本能取得的成功就是自我激励的神奇作用。

在现实生活中，自我激励的方法有多种，我们要依据自己的实际情况采用不同的自我激励方法。

1. 读名人传记

你会从他们身上获取力量，增强自己成功的动力。

2. 做自己怕做的事

主要目的是要从中得到一次成功的记录,从而增强你的自信心。

3. 再给自己一次机会

我们应该时刻把这句话挂在嘴边。从周围的事物中重新寻找信心和希望的源泉,激起自己再次奋起的勇气,当我们屡遭挫败或打击时,不妨对自己说"再试一次"。

4. 给失败找出合适的原因

自我激励不是盲目的激励,它建立在对自己和客观事物正确了解和估量的基础之上。我们也总是为自己的失败找一些微不足道的客观理由,掩盖自身真正存在的问题,那样你将永远不会取得成功。假如确实因为自己力所不及的某项工作而导致了失败,而自己又很难培养起这方面的能力,这时候不如在这件事上认输,找最适合自己能力特点的事情去做,你依旧会成功。

增强自信
坚持自己的信念

我们可以尝试一些具体的行动来增强自信。

1. 目标确定之后,立即行动

你也许会怀疑采取行动和加强信念之间的关系。事实上,你的行动体现了你的信念,而且正是你所做的事情反映了你的信念。尽管只迈出一小步,也是在和你身外的世界沟通,这意味着你已经相信自己和自己的理想。

最初,你可能感觉到自己不是很勇敢,也不是很自信。然而,只要坚持不懈地努力,必将产生适应的感觉,那种感觉会深入你的内心,使你变得自信。每次尝试都会加强你的自尊心和自信心,你再也不会坐等奇迹的光顾。你本身就是奇迹的创造者,你会发现,自己的梦想其实不难实现。

2. 客观评价自己的能力,发掘未被开发的潜力

调查发现,普通人的潜能只被开发了一小部分。换句话

说，我们还远没有达到自身最大的极限，我们体内还有巨大的潜力没被发掘出来，我们拥有更多的能力，可以变成更成功的人……意识到这一点非常重要。

3. 把注意力集中在那些可能性上

你因一些消极的念头而感到苦恼吗？如果你的回答是"是的"，那么就要从刚产生这些想法时就要抛弃它们。假如你觉得持续不断地将注意力集中在要实现的目标上是多么的困难，那么，你就永远不会实现它。

你可以把注意力放在那些可能性上，以此来战胜消极的念头。你可以设想一个具有挑战性的目标，然后对自己说："我怎么可能达到这个目标？它的规模太大了，要完成它实在是太困难了，这是不可能的！"

这些话听起来是不是一点都不陌生？或者很多人都不止一次地为这种自我否定挣扎过。为了改变这种状况，当这些想法产生时，应该立马改变想法："我知道我的目标是能够实现的，因为有人已经证实了实现它的可能性。我下定决心要让它得以完成，我乐意做必要的一切来实现我内心的愿望。"

意识到这两种想法的区别了吗？假如你长时间地纠结在第一种想法上，面对挫折或理想、目标，你就有麻烦了。假如采用第二种思维方式，它就能将你带入一个充满可能性的新世界。当你的心态处于积极状态时，你将会问一些更有意义的问题："达到目标有些什么方法？谁将会帮助我？有没有其他的方法可以使我达到预期的目标呢？"

4. 消除恐惧和冒险

恐惧是在外在环境做出改变时的自然生理反应。它可能是人们开始尝试任何新事物时犹豫徘徊的主要原因，恐惧促使人们选择生活中原来的模式——安稳、舒心和熟悉的环境。能够意识到每个人在开拓新领域时都会产生恐惧心理是很重要的。因为恐惧是每个人都有的一种自然反应，它让我们认识到需要准备应对或是需要逃避某些事情了。但是，成功的人和不成功的人对待恐惧是有所不同的。成功的人承认恐惧，并努力找出产生恐惧的原因，以此决定他们对前进道路上将要面对的挑战做出怎样的应对。他们会决定采取一定的措施，尽量使自己感到充满竞争力和自信心。

为了克服恐惧，我们必须深入探究我们害怕什么。只有找到产生恐惧的根本原因，冒些风险，我们才能真正树立起自信。一项调查研究发现，当问一些年长的人对自己过去的生活有哪些遗憾时，很多人都认为自己最大的遗憾是：一直都没有去做自己最想做的事情。这表明萦绕在他们心中的是那些他们想去冒的风险，而不是他们已经冒过的风险。

因此，不要让恐惧留给你同样的遗憾。承认恐惧，做好足够的准备，然后采取行动征服它。

5. 预见成功

萧伯纳说："有些人只看到事情的现状，并问为什么。而我看到的是事情未来可能是什么样，并问为什么不呢？"

想象事情未来的模样，不只是要思考，还要积极地了解它。当这种想象过程定向了之后，就是大家所预见的了。在你想成就的事情实现之前预见它，这是众多成功者最强有力的方略，预见的景象让他们再次点燃他们的热情，明确他们的理想，增强他们的信念。

假如你想成为一名出色的演讲家，首先就要想象站在众多听众的面前，想象着你正在向聚精会神的听众们做有激情的演讲，你的声音是多么地自信和充满活力，人们对你的称赞声不绝于耳。你好像感觉到了听众的热情，就像闻到了主席台上的鲜花的清香，仿佛感受到了玻璃杯内清凉饮料的冰爽。

要产生这样清晰而强烈的感受，想象力是不可或缺的。同样，当你在向一个目标努力时，全部按照你预想和盼望的那样，尽可能预见你实现它的每一个细节。你将自己的预见变得这么地强烈，以至于当你真正成功时，你会有一种似曾相识的感觉——"莫非我以前碰见过此事？"是的，你在想象中已经历过很多遍了，而每想象一次，这种经历就向现实靠近了一步。

6. 练习不断肯定自己

我们可以在不经意间反复正面地肯定自己，以培养信念。当你不停向自己重复一个肯定后，最终你会逐渐相信它。

7. 发现相信和支持你的人

当面对挫折的时候，即使你获得了态度乐观的人们的支持，一直保持积极的态度也并不容易。但当你将你的梦想与态度消极的人们联系在一起时,那你必然失败。多数成功人士根本没有空闲与消极的、不支持他们的人接触。

要想把所有的消极的人从你的生活中赶出去,是相当困难的。你的父母、合作伙伴、最好的朋友,还有你的配偶都有可能影响到你。因为这其中的多数人对你有多年的了解,他们可能只会想到你过去的经历,而不是现在的你或是你能成为什么样的人。比如,当你告诉他们你的理想是某一天要在国家大剧院演出时,你哥哥可能就想起了你在学校的首次演出从舞台上掉下来的失败经历,从而劝你现实点;当你对妈妈说,你梦想开一家组装壁橱的公司时,她老人家马上提醒你十几岁时,你的壁橱是怎样乱糟糟的。

可见,有时陌生人的帮助来得容易得多。陌生的人对你能做什么,不能做什么并不知情。每个人都需要有人信任他,而那些与你关系最为亲近的人可能不是最佳的人选,因此最主要的一点是你要找到真正相信和支持你的人。

8. 从失败中学习

每一次失败都是有缘由的,找出这些原因你就离成功又近了一点。你可以从遇到的每一个困境中得到相等或更大的收获,一旦你有了这种信念,你就会不由自主地从这种经历中学习经验,而且还能让你充满希望地面对未来。

9. 坚持自己的信念,不盲目服从一切指示

每个人做事情都可以先征求别人的意见,但是最终还得自己决定。假如你不人云亦云,不盲目服从一切指示,那么,

你的奋斗就会产生更好的效果。

自己本身才是实现梦想的决定性力量,别人的想法并不重要。当你的梦想激发你的热情,引导你去计划、去执行,直至完成它时,这个梦想就会变成现实。

PART 05

拥有信念，
比拥有才能更重要

成功需要更多的信念浇灌

每个人的梦想都很美好，每个人都想获得成功，但结果总是不尽如人意，有的人成功了，有的人却失败了，有的人只实现了部分目标。其原因因人而异，其中一个较普遍的原因就是下的功夫不够，实践中往往是浅尝辄止。

众所周知，在有地下水之处，只要打井就会出水。但是，地势不同，打井的深度也不一样。有的水层浅，不到10米就有水；有的水层深，挖到17米深也没有水。如果你只是浅挖，没有见到水，就认为没地下水，不再往下深挖，那自然就错了。

在科研上常有这种情况，一次次的失败，事实上正在激励你朝目标前进，如果你这时认为根本没有成功的可能而断然放弃，那么就会彻底失败。如果准备得更足一些，下的功夫更深一些，就很可能会成功。

19世纪德国有位著名画家叫门采尔，他勤奋刻苦。

他一生中从不间断地作画，画了上千张素描、上万张速写，而且他创作时极其认真，有的作品从构思到完成，要花几年时间。正因为这样，他在画坛上很有威望，作品一上市就被抢购一空。

当时有个青年画家，画得很快，并以此向人夸耀，但他的作品鲜有人问津。为此，他很苦恼。

一日，青年画家专门去拜访门采尔，向他请教销售画作的诀窍。青年画家抱怨说："先生，我一天能画一幅画。可卖起来就难了，有时一幅画要用一年的时间才能卖出去。"

门采尔听完就笑了，他对年轻人说："小伙子，你可以反过来尝试一下，用一年的时间好好地画一张画，那么你一天就能卖掉它。"

创作是这样，让梦想变成现实也是如此，它应该是一个艰苦努力的过程。只有功夫深，你才能创作出精品，才能开拓出不一般的局面。众所周知的"铁杵磨成针"的故事，说的也是要多下功夫的道理。对于成功不能操之过急，功到自然成。没有一定的积累和功夫，往往很难成功。

当然，每个人都必须坚定信念，但这绝不是盲目的，而要建立在刻苦努力的基础上。

◇ 信念的力量 ◇

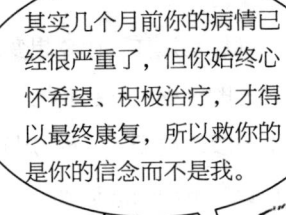

坚忍的意志
是成功的秘诀

1948年,英国的牛津大学举办了一次报告会,邀请了丘吉尔等几个当时很有名的人进行演讲,主题是"成功的秘诀"。丘吉尔在这个时候很有权威和声誉,因为他刚刚带领英国人赢得了反法西斯战争的胜利。

会场上人山人海,媒体也早就传播开了,人们对丘吉尔的演讲期望很高。然而,万万没有想到的是,这位著名人物上台后只是简单地说了几句话。他直率地对大家说:"我有三个成功秘诀:第一是绝不放弃,第二是绝不、绝不放弃,第三是绝不、绝不、绝不放弃!我的演讲结束了。"当时,大家还没有回过神来,片刻后,会场上爆发出一阵雷鸣般的掌声。

丘吉尔的话简洁却实在。

成功对每个人而言都不会很顺利,也正因为如此,要获得成功就必须有坚忍力。坚,就是坚持;忍,就是忍受。人们在成功之前一定会遇到很多挫折，如果没有坚忍力，就会中途放弃，最后与成功失之交臂。有的科学家做某项实验，一次、两次、三次……无数次的失败，结果他失去了信心，不再继续，只能使研究失败。相反，有的人则在失败后找原因，不厌其烦地实验下去，结果达到了目的。所以，有些事情不是没做，而是没有彻底去做；不是没有坚持，而是没有坚持到最后。有时候，成功就在那坚持到最后的一刻中。

这种例子不胜枚举，就以中国近代的历史来说：

> 孙中山推翻清朝的民主革命，曾组织过多次武装起义，可是都没有成功。因此，有的人气馁了，认为不会有成功的希望，甚至有人讥笑他，说他是"孙大炮"。但孙中山不泄气，继续发动，继续组织，终于武昌城头一声炮响，起义成功，最终推翻了封建专制王朝。

> 中国共产党领导的革命更是如此，红军在国民党军队的围剿之下，损失非常严重，开始了著名的二万五千里长征。爬雪山，过草地，还要对付敌人的围、追、堵、截，很多革命战士在长征路上失去了生命。但是，中国共产党始终坚持不退缩，忍受着世人难以想象的艰难与困苦，咬紧牙关，终于取得了胜利。

如果缺乏坚强的毅力，孙中山的民主革命就不可能成功；同样，只有"小米加步枪"的共产党人也不可能取得胜利。

很多事情都是这样，最初加入的人非常多，而越到困难的时候人就越少，只有坚持到最后而不放弃的人才能获得成功。

只要坚定信念，
就能获得成功

平时，人们一谈到成功，就会认为那是高学历者的事情。事实上，这种观点很不全面。学历高，知识丰富，有专门的技能，成功的机会自然要多一些，但成功并不是一定在这种情况下才会取得。

一位来自云南某县的农民，刚30出头就成了一位成功者。1995年他从职业高中毕业后，成了一家蔬菜公司的送菜员，一年后，他被调到蔬菜大棚种植蔬菜。他喜欢研究种植技术，并经常求教于他人，因而有了一定的种植经验。然而，在激烈的竞争中，他所在的公司倒闭了。2001年初，他下了岗，无可奈何地回到了家乡。

但是，他并没有因为失业而消沉。他想起当年曾为一些西餐厅送过生菜，如今公司倒闭了，他们从哪里进货呢？如果我在农村也种植这种生菜，那么这种天然种植的一定比大棚种植的更好。

他深知种菜也会有风险，但是，他决定冒险一试。经过考虑，他认为个人力量太薄弱，难以形成种植规模，因此鼓动亲朋好友都来种植。当人们向他咨询时，他又来了灵感：如果组织农民种植，自己负责收购营销，再到市场上挣个差价，那么这个机会一定会非常好！这么一想，他就找到从前认识的一位菜贩，并与他合作。菜贩听了，很赞同他的观点。他们筹集了3万元，成立了一家蔬菜公司，并与一些农户签了合同，建立了50亩生产基地，菜贩和他分别负责市场营销和种植技术。然而，美梦没能成真。头一回进入市场他们就惨败而归，由于当时的生菜供过于求，所以价格很低，他们的3万元几乎赔光了。

　　让人欣慰的是，他们没有泄气，而是总结教训，思考对策，觉得不能再在市场上瞎碰，而应该开辟销售的固定渠道。于是，他们瞄准西餐厅，一家一家地推销。功夫不负有心人，一家美国公司开始重视他们，该公司负责向麦当劳供应原料。广州公司的总部在派人考察之后与他们签订了合同，月供货量为20吨。还不到两年的时间，他们的种植面积就扩大到了700亩，月供货量提高到150吨，年收入突破了50万元。

坚定的信念
是永不熄灭的明灯

在人生的旅途中,我们可能会丧失机遇,可能会丧失金钱,也可能得而复失、失而复得。很多人在遭遇这样或那样的打击时会从此消沉下去,失去奋斗的信念和动力。但只要我们没有丧失信念,希望就在前方。要知道信念是人生的希望,信念是人生的航灯。只有坚定信念,你才会有所建树,人生才会丰富多彩。

一艘远行的航船因在大海中遇上了突如其来的风暴而沉没了,船上很多人死去了。一个生物学家侥幸获得了一艘小小的救生艇而幸免于难。但是,巨大的风浪时刻想吞噬小船,小船如同叶子一般被吹来吹去,生物学家在大海中迷失了方向,赶来援助的人也没有找到他。

天渐渐地黑了下来,生物专家已经饥寒交迫了。然而,他除了这个救生艇之外,一无所有。他此刻正命悬一线,稍有闪失,就会丢掉性命。他无助地望着天边,忽然，在茫茫黑暗中他看见了点点亮光，他高兴得几乎叫了出来。于是，他奋力地划着小船，向那片灯光前进，然而，那片灯光似乎很远，天亮了，他也没能走到亮光处。

然而，他没有因此而悲伤绝望，继续艰难地划着小船，他想，那里既然有灯光，就一定是一座城市或者港口。生的希望在他心中燃烧着，他信心十足，心态轻松。

三天过去了，饥饿、干渴、疲惫更加严重地折磨着他，他多次处在崩溃的边缘，但只要一想到远处的那片灯光，他又陡然增添了许多力量。就这样漂泊了四天，他依然在向那片灯光划着，即使将要昏迷了，他脑海中依然闪现着那片灯光。

晚上，他终于被一艘经过的船救了上来，大家都难以相信，他已经不吃不喝在海上漂泊了四天四夜，当有人问他，他是怎么熬过来的，他指着远方的那片灯光说："是那片灯光给我带来了希望。"大家望去，根本就没有灯光，那只不过是天边闪烁的星星。

在生命的旅途中，挫折随时会降临。这时，只要我们心中有一个坚定的信念，并努力地去追寻，胜利的号角终会吹响。这就像在大海中航行时，找准航标灯，努力地向它进发，你就能找到生命的航向。

信念是决定
成功与否的关键

人生是条漫长的道路，在这条路上我们要做的事情有很多，有的只是工作中的小事，而有的却是童年的梦想。可是无论事情大小，做起来都要有信念，并且必须采取正确有效的执行方法，一个人成功的关键就在于此。

世界上没有做不到的事，只有想不到的事。人人都能凭自己的信念和能力取得进步。怀有信念和信仰，比拥有才能要重要得多。靠着思想、信仰和对自身能力的自信，我们能发挥出意想不到的潜能。

一个年轻人从中山大学毕业后，应聘到万宝冰箱厂。当时工厂付给他令人羡慕的每月 400 元的薪水。

可 3 个月后，他却辞去了这份来之不易的高薪工作，去攻读中科院的研究生。

大家都认为他硕士毕业以后会去找一个比万宝冰箱厂薪酬更高的工作，没想到 3 年后他到联想公司，月工资是300元，随后公司仅仅给他涨到400元。

朋友问他："你读了3年书，现在和在万宝冰箱厂有什么区别？"他笑而不语。

一年后，他拿着中山大学本科、中科院硕士的学位证书和在联想工作一年的简历，去新加坡一家多媒体公司应聘，并在30个中国面试者中脱颖而出，拿到等同于现在1万元人民币的月薪，开始了为期6年的在异国打工的经历。

在新加坡的日子，他先后在3家软件公司担任要职，后来还进了相当有名气的飞利浦亚太地区总部。他不停地跳槽，有人甚至猜测这个年轻人到底是为了钱而跳槽，还是仅仅为了跳槽而跳槽。

更让人费解的是，他在公司任职的时候，只要是他接的业务，就算是几千新币的软件，用户在使用中一旦发现问题，他都会放下手中的工作快速赶到客户身边。

而对别的软件工程师来说，这种价格的软件根本不配享受这样的技术服务。

在新加坡，他碰见了一位同行，两人谈话很是投机，于是两人一同在当地创办了自己的公司。他又一次炒了自己的鱿鱼。

大部分人为他感到不值，有好工作，有好前程，为什么总要把自己从浪尖推向谷底。

可是，他成功了。他就是"朗科公司"的创立者邓国顺。

关于邓国顺的成功，完全可以用"奇迹"来形容，他一次又一次置自己于"绝境"之中,每次都从困境中绝处逢生。可是假如把他的经历串联起来,你就会发现,他一开始的目标就非常明确,他所走的每一步,都成了他成功的基础。

在"朗科"的每个会客室里,都挂着一个镜框,写着同样的21个字:成为移动存储和无线数据通信领域的全球领先者。

有人认为成功依赖于某种天赋,某种魔力,可是,从邓国顺身上,我们可以看到成功的因素事实上控制在我们自己手中。一个人能飞多高,并不是因人的其他因素决定,而取决于他的个人信念。

取得成功关键的第一步,就是要树立"必胜"的信心,从某种程度上说,高度的信心塑造了整个世界。 所以,对待任何事情,我们都不要瞻前顾后,应该自信,假如想要考试,就告诉自己"我一定能通过"。 不但牢记在心,而且书写下来,不停默念,相信一定能收到意想不到的效果。

当信心结合了思想时,潜意识马上接受其动作,将它转变为精神上的同等力量,而且就像"祷告"一般融入浩瀚无尽的大智之中。

假如你有坚强的信心,那么你就绝对不会轻易地服输。当你面对失败时,如果你有信心,你就不会轻言放弃,也不会压抑自己的念头,而会客观地观察你周围的环境,冷静地分析逆境。

"信心"不会因使用而逐渐消失,反而会有增长的趋势。

就像你的身体和头脑,"信心"也需要磨炼。当你第一次要"拿出信心"时,一定会感到恐惧,因为要相信一个抽象的信念,或尝试结果不确定的事并不是那么简单。但当你运用信心,你会意识到,只要动机正当,并且充分相信自己,你就会得到你想要的。

你或许会由于对自己所采取的步骤不确定,而经历"犹豫"的阶段。但是要相信直觉,不论这是出于你的第六感,还是出于积累的经验,最重要的力量是属于你的。

"信心"能够清除所有限制,当你想和人生讨价还价时,不论你要的价码是多是少都要牢记这一点。

破釜沉舟，
奋勇向前

恺撒在掌权以前是一位优秀的军事将领，有一次，他奉命带领舰队前去征服英伦诸岛。

他在出发前检阅舰队时，才发现一个严重的问题。随船远征的士兵人数少得可怜，并且武装配备也破旧落后，以如此军力若想打败骁勇善战的盎格鲁撒克逊人，无异于自取灭亡。

但恺撒当下还是决定启程，驶向英伦诸岛。舰队到达目的地，恺撒等士兵悉数下船后，立马命令亲信部属烧毁所有的战舰。同时，他集合全体战士训话，明确地告诉他们，战船已经烧毁，因此大伙儿只有两种选择：一是勉强应战，假如打不过勇猛的敌人，后退无路，就只有被赶入海中喂鱼；另一条路是，抛开军力、武器、补给的不足，勇往直前，拿下该岛，那么所有人都有活命的可能。

士兵们个个怀有必胜的决心，最终打败强敌，而恺撒也因为这次成功的战役，为日后掌权打下了基础。

在我国古代也有类似恺撒这种"破釜沉舟"，颇具领导智慧的故事。

多数人在开始做事的时候常常给自己留着一条后路，作为遭遇挫败时的退路。这样怎么有可能成就伟大的事业呢？

破釜沉舟的军队才能兵到必胜。同样，无论一个人去做什么样的事情，一定抱着绝无退路的决心，勇往直前，遇到任何困难、障碍都不能后退；假如意志不坚定，知难而退，那就永远不会有成功的一日。

拥有坚强意志力的人，碰到任何障碍，都能攻克、排除；但意志薄弱的人，一碰到挫折，便想法退缩，最终归于失败。现实生活中有许多青年，他们很希望上进，只是缺乏强大的意志力，没有坚定的信念。不拥有破釜沉舟的信念，是很难成功的。

许多人成功的原因就在于他能够集中精力于他所努力的目标上。为了达成目标，他能抛开一切与成功不相关的事物。所以，我们不妨借鉴恺撒大帝火烧战船、断绝后路的方法，以此激励自己要竭尽全力。

PART 06

改变想法，
拆掉思维的墙

学会归零思考，
不做回忆的奴隶

每天早晨醒来第一件事情先把昨天的一切归零，过去的事物无论怎样都不能重演，能把握的也只有今天。昨日之日不可留，不管过去怎样，终究都是过去。尤其是已经发生的让人烦恼的事情，我们必须学会放下过去、活在当下。要知道，人是在不断进步的，不丢掉身上的包袱，又怎么能走得更远呢？

老和尚带着弟子去化缘，途经一条流速很急的河流，看见一个年轻的女子对着河流犹疑感叹，于是上前询问。女子答道："这河水太湍急，我无法渡河，希望两位师父能伸出援手帮我渡河。"

小和尚看着自己的师父，脸上露出了有些为难又有些尴尬的表情，他还没来得及解释什么，只见师父背起这个女子就要渡河。不一会儿，师父背着女施主平安到了河对岸。年轻女子对老和尚表示感谢后就走远了，小和尚也跟在后面过了河。

老和尚发现这个时候小和尚的表情很紧张，此时还有微风，但他的额头上却沁着密密的汗珠，便笑道："已经过了河了，刚才的事情就不要再去想了。"小和尚被师父说中了心事，一时之间竟然无以应对。

老和尚要去河边洗手，于是把手中的钵递给小和尚让他拿着，小和尚接钵的时候突然大叫一声，老和尚忙问他发生什么事了，小和尚更是红着脸不知道作何解释。原来就在他接钵的一瞬间由于注意力不集中，险些将师父的钵打碎了。

背女子过河的事情已经结束，老和尚让自己的心又回到化缘这件事情上，但是小和尚在事情过去那么久了还一直放不下。

我们往往会自我束缚，让自己深陷在痛苦的情绪中不能自拔，对过去的事情念念不忘，对现在该做的事情又心不在焉，所有的事情都沉重地压在心头，包袱越来越重。对于那些刚刚学步的孩子来说，总是不自觉地将腿往后倒一样，不仅没有前进反而一步步地向后退。

然而过去的一切，我们已经不能再做出什么改变；而未来如何我们又无法预知，不管怎么想，都是揣测。只有此时此刻，只有现实的今天才是最真实的，因此抓住今天就是最幸福的。

曾任英国首相的劳合·乔治多年来一直有这样一个

习惯——无论走到哪儿都会随手关上身后的门。有一天，他和朋友一起散步，走过院子里每扇门乔治都随手将其关上。"为什么你总是要随时把这些门关上呢？"朋友非常不解。

"这件事对我来说有很重要的意义。"乔治耐心地解释，"关上身后的门是我这一生都在做的事情。当我关门的时候，同时关上的还有过去发生的一切，无论你曾经取得多么辉煌的成就，还是你经历了多大的磨难，只要关上这扇门，你将一切归零重新开始奋斗。"

"关上身后的门是我一生都在做的事情！"这句话包含着深刻的哲理！ 人的一生，挫折、困难在所难免，多少都会在我们的心中留下印记。 昨天出现的错误我们当然需要总结教训，无论你多么地懊悔，对过去的一切都已经于事无补，悔恨也不会让事情有任何改变。 如果一个人被过去的包袱压得喘不过气，总是为流逝的岁月感时伤怀，那么他就浪费了最宝贵的今天，并且还将现在与未来一并抛在脑后。 所以，将过去的一切归零，卸下包袱，轻松上路。

任何人都有过去，在过去也可能犯下了一些错误。 面对错误要有改正的决心，就算你现在没能完全改掉这些缺点，但只要坚持不懈、点滴积累，当扪心自问时你也能无怨无悔。悲伤难过是最没有意义的。

及时地总结经验教训是科学的做法，一味地停留在过去是不可取的。 及时将失败和错误带来的不良情绪归零，投入下一步的工作中去，培养积极的思维，用正确的行为纠正那些不合理的举动。

　　人的回忆不能被随意丢掉，但是也不能时刻被回忆所束缚，成为回忆的奴隶。 在心里保留一个小空间，将过往保存在里面就够了，因为，内心更广阔的空间是属于今天和美好的明天的。

因为简单，
所以成功

一天，爱因斯坦在纽约的大街上无意中遇到了多年前的老友。

"爱因斯坦先生，"这位朋友对他说，"我觉得您的大衣有必要换一件了。因为它实在是太旧了。"

"旧又如何，还能穿呢。在这里又没有人认识我。"爱因斯坦根本没觉得这是个问题。

几年后，他们又一次不期而遇。此时的爱因斯坦在世界上都享誉盛名，但是那件旧大衣仍然没变。

这位朋友又建议他添置一件新大衣。

"为什么呢？"爱因斯坦说，"这里的每个人大概都知道我是谁。"

居里夫妇是享誉世界的物理学家，但他们刚刚结婚的时候，家具陈设等都非常简单。客厅里除了简单的餐桌和两把椅子就没有什么其他的东西了。后来，居里的父亲总觉得家里太简陋，于是写信来问他们想要什么家具，他要送给他们一套。

居里收到父亲的信后，坐着想了半天："家具多了肯定要打扫，在打扫家具上花时间实在是没有必要。"于是他和妻子商量了一下："沙发对我们用处不大，不如多添一把椅子，这样也能方便客人就座。"妻子想了想说："要是椅子多了，有些客人话比较多坐着不走，不是更麻烦吗？"居里听了她的回答觉得很有道理。所以，他们委婉地拒绝了父亲为他们添置家具的好意。

虽然上面两个故事的主人公不同，但是从对待事物的态度上足见他们的智慧，那就是投身于自己关注的事情，而其他的则以简为原则，这样就更容易实现自己的目标。 换个角度想，如果爱因斯坦考虑的是应该穿怎样的大衣才能给人留下好的印象，恐怕相对论就不会和他的名字连在一起了；如果居里夫妇总想着追求安逸的物质生活，镭的发现者还不知道会是谁。

其实，说到底成功的实质就是简单，成功者的处事原则就是简单。

有的人因为智慧而成功，有的人因为毅力而成功，他们不约而同地共同选择就是简单。 他们知道自己想要什么，也知道自己在做什么，于是将自己的时间和精力都投入到值得为之奋斗的事情上。 他们不追求安逸舒适的物质生活，在工作中他们严谨认真，百分百努力，成功当然会眷顾他们。 即使成功了，他们依然不会注重外界虚的东西，外在的物质没有让他们丢失生命的本真。 他们为人类的科学、社会的进步做出了巨大的贡献，自己也赢得了世界的尊重。

也许现在的我们还没有这样的成功，但是我们不难让自己选择简单，这也是取得成功的第一步。

◇ 成功是坚持的另一个名字 ◇

▲ 小时候天天练习篮球的小男孩长大后成了灌篮高手

▲ 热爱钢琴的女孩将爱好变成了毕生事业

▲ 坚定的信念让你能在最高处俯瞰风景

▲ 坚持到底就不算输

学会逆向思考，掌握以反求正的生存智慧

人的思维不是漫无目的的，它会有一定的方向，这里的方向有正反的差异和区别。多数人使用的都是由问题到结果的正向思维。但是很多时候由因到果的方式不能解决面临的问题，这个时候逆向思维就该上场了。

何为逆向思维？就是在目标确定的情况下，从相反的角度重新考虑问题，或者根据自己的目标，去寻找能达到目标所需要的条件，由此推导出解决问题的合适的方法。有的时候固执地用一种方法去解决问题，可能就会变成死钻牛角尖，因为这种方法只会让你和目标背道而驰。这时，我们不妨尝试一下用逆向思维的方式去解决问题。

有一位老妇人的宅子紧挨着一所幼儿园，老妇人准备在那里安然度过她的晚年。有几个淘气的小孩子，课间没事的时候会去踢房子周围摆放的那几个垃圾桶。住在这附近的居民都非常痛苦，多次出面制止他们，但是

只能暂时吓跑孩子们，时间长了也就放任不管了。老妇人也是无可奈何不知所措，但这种噪音让她完全没办法休息，她决定一定要制止这种行为。

有一天，又有几个淘气的小朋友用脚猛踢这几个垃圾桶，老妇人径直走过来告诉他们："你们踢垃圾桶发出的声音让我听了非常舒服，所以，我想请你们帮个忙可以吗？你们能每天按时来踢垃圾桶，那么你们每人每天将会从我这里获得十元钱的报酬。"

听到这样的事情小朋友们当然高兴，他们踢得更加卖力了。这样过去了四五天，老妇人又来找他们，说："由于现在通货膨胀，我的收入也减少了，所以，我已经不能再给你们那么多钱了，最多只能支付五元。"

小朋友们有些不开心了，但还是勉为其难地同意了，每天勉勉强强来踢垃圾桶，但是明显没有之前那么出力。

又过了三天，老妇人再次出现了。"孩子们！"她说，"我现在连养老金都没有了，以后给你们的工钱只有一元了，希望你们能体谅我的艰辛和不易。"

"一元钱！"有个小朋友忍无可忍地喊道，"一元钱值得我们这样做吗？简直是白白浪费时间！"正如大家想的那样，这里的居民再也不用受这些噪音干扰了。

如何长期有效地阻止顽皮的孩子踢垃圾桶，让他们不再制造噪音影响他人呢？严厉的训斥，抑或是苦口婆心的说教？恐怕这些常规的办法都不能收到立竿见影的效果，而强制的命令只会让孩子更加抵触和叛逆。

　　但是聪明的老妇人就懂得用逆向思维，经过"给钱踢——钱逐渐减少——让孩子主动放弃"的步骤，有效地化解了这个难题，也达到了自己预期的目的。

　　逆向思维是创造性思维的结果，它可以将不利的因素转化成有利的条件，化压力为动力，非常巧妙地将劣势转为优势为己所用。要想逆向思维一定要敢于打破成规，只有这样才能发现别人看不见的机遇，达到自己预期的效果和目的。

　　"侏儒餐厅"在菲律宾首都非常受欢迎。这家餐厅可谓是名副其实，从经理到服务员，他们的身高都在67cm~130cm之间。也正是侏儒由于身高问题的特殊服务方式，吸引了国内外的游客前来体验。这家餐厅一直经营得非常不错。

　　但是餐厅刚刚成立的时候并不是这样的，侍者和常规餐厅的一样，都是俊男美女，可是并没有出现老板想象中生意兴隆的场景，只偶尔有几个顾客来用餐。这家餐厅的老板不愿意就此接受这一现状，立志要改变这一切，为此他陷入了深深的思考。

　　一天，老板在大街上无意中看到了一个侏儒，他个子虽矮但是非常可爱，在街上一出现马上就吸引了很多人注意。这一点给了老板很大的启发，马上产生了一个奇妙的想法：如果这家餐厅全是侏儒会怎么样呢？于是，老板从不同的地方招来了一批矮人，从厨师到服务员全部都是侏儒。很快这家餐厅在菲律宾就赫赫有名了。

当一位顾客走进这家餐厅的时候，一个个小个头的服务员走上前来为他服务，还微笑着为顾客递上一条热毛巾。安排顾客就座以后，又换了另外一个侏儒来送菜谱，此时每个顾客都是满脸笑容。先不评价这里的菜肴是否可口鲜美，侏儒们热情的服务、滑稽的表演，就已经赢得了顾客的青睐。

逆向思维的方式有利于我们提出有创造性的想法，经常使人产生很多的奇思妙想。老子曾说："反者，道之动。"反其道而行之也是事物运行的规律。人只有在不断的自我挑战中才能获得超越。从反方向来思考自己现在面临的问题，在逆向的时候会迸发出更大的能量，你会发现人生能在一个非常大的空间中拓展延伸。

改变了思维，
就改变了与世界互动的方式

快乐需要自己寻找，只有那些善于发现的心才能找到快乐。

牧师正在家里忙碌地准备第二天的布道，而他的小儿子却又哭又喊吵闹个不停，让他不能安心做事。父亲随手拿起一本杂志，翻开里面的世界地图，毫不犹豫地将这张地图撕成了碎片，撒落在地上，对孩子说："如果你能将这张图拼成原样，这一元钱就是给你的奖励。"

牧师是想这件事情至少会让儿子消停一上午，但是没想到才过了十分钟，儿子就来找他了。眼前的一切让牧师大跌眼镜，一张完整的世界地图就在儿子的手里。

"告诉我你用怎样的方法将地图拼好的？"牧师问道。

"特别简单，"孩子说，"因为地图的另一面是一个人的头像。我觉得，只要我能把这个人完整地拼好，那么，反面的地图也就是完整的了。"

牧师赞许地点点头，兑现了自己的承诺，给了孩子一元钱，说："你将我明天的布道也准备好了，人是正确的话，那么他的世界当然也毋庸置疑了。"

想象一下孩子拼图的画面，那一刻世界都是宁静祥和的，仿佛世界为之静止。

如果一个人的心里是快乐的，那么他心中的希望和憧憬就不会被世间的俗事所困扰，他眼里就能看到世界的美好，在每一天太阳初升的时候，他都有一个梦想和希望。

快乐的人肯定爱自己，也全身心地爱着自己的家人，因为生命对他来说就是享受，他会认真地沉浸在自己喜欢的书中，或是亲自下厨为家人做一餐饭，这不是什么必须完成的任务，但对他来说没有什么比这个更美好了。

快乐的人不会杞人忧天、无所事事，他们会满怀信心和希望去做好这些事情，一想到将要取得成功，他们的动力就更大了。 快乐其实非常简单，只要你愿意，即使是自行车的车轮声都能奏出美妙的音乐。 快乐不专属于哪一个人，它取决于当事人的心态，是否对事物的发展方向都存有美好的愿望。

生活中的许多事情不是我们能改变的，但是想问题的思维方式却掌握在自己手里，思维方式的不同决定了心态的差异，那么，考虑问题的结果当然也就差异很大。 同样一件事情发生在不同的人身上，结果肯定不同，有人会因为一点小事而眉头紧锁，有人总是保持着灿烂的微笑。

快乐和拥有哪些物质没有关联，而是看你能够承受的分量有多重，看你是否具有博大的胸怀。 当我们站在镜子前嫌弃衣服过时的时候，埋怨自己的钱不够花的时候，你可想到有些人还衣不蔽体，还吃不饱穿不暖？ 如果此时你能带着同情和爱意去看他们，你会发现他们没有我们想象中的愁眉紧锁、唉声叹气，他们仍然带着灿烂的笑容看这个世界，发自内心地对你微笑，不管贫穷还是富有与快乐本身没有什么必然的联系。

纵观那些不快乐的人，大都是因为自己的注意力全都在生活中这些不如意的事情上，为什么不去想那些快乐的事情呢？这样一来你能让自己更多地感受生命的美好，带着感恩体验生活。

快乐的人都知道抓住今天才是最重要的，驱散昨天的乌云和阴霾，从中总结经验和教训为今天的努力作铺垫；不要敞开大门让杞人之忧有机可乘，而要打开一扇窗让幸福进来，让自己体验此时此刻的幸福。

快乐是一杯茉莉清茶，快乐是宁静的夜空，又如朝霞般绚烂夺目。 快乐者应该具备过滤消极情绪的能力，不能让这些负面情绪长期占据自己的大脑，因为长期的负面情绪会让人变得消极厌世。

在困难面前，快乐者总是知道换个角度考虑问题。 因为只要你改变了传统的思考问题的方式，相当于你用另外一种方式与世界交流。 所以，有些人能轻而易举地应对生活中的各类问题，不会因为恐惧和沮丧而闷闷不乐。

学会
多角度思考

用智慧去变通，你就不会看到"困难"和"挫折"的存在。因为无论多大的困难，只要有了一定的变通之法，都能被扫除。

10多年前，李军是某电器公司的业务员。那个时候讨账是公司面临的最大问题。公司的产品质量没的说，市场反应也好，问题就是卖出去之后，总是不能按时收到货款。

有一位大客户订了20万的产品大单，但总是找这样那样的理由推迟付款，公司前后多人去讨账，都是无功而返。公司安排新来的李军和张鑫一起再去讨账。在他们软磨硬泡、软硬兼施之下，那位大客户终于点头了，并且约定两天之后他们来拿钱就是了。

两天以后他们如约前去讨账，得到了一张20万的支票。

他们觉得完成了任务，拿着支票去银行取现，但是到了银行以后才知道，支票的数额是199900元。他们明白了，这是对方故意投机取巧在耍花招，因为这就是一张不能兑现的空头支票。但眼看春节到了，公司都休假，如果再拖下去，这个账单又不知道到何年何月才能理清。

碰上这样的事情，要是常人可能就不知所措回去复命了。李军突然脑筋一转，从自己包里拿出100元大钞存到客户公司的账上，巧妙地将199900元变成了20万元整。他们马上将支票里的钱取出来兑现了。

拿着20万去公司复命，董事长对他这次的表现非常满意。李军通过自身的努力，五年后被提拔为副总经理，没过几年又成了公司的总经理。

巧用智慧，化解了一个看似没法解决的问题；懂得变通，使得李军业绩优异、成绩斐然，当然得到公司的赏识。可以说，变通中蕴含着深刻的智慧和哲理。

只有懂得变通的人才能感受到"山重水复疑无路，柳暗花明又一村"的快乐。生活中无数的事实都证明了这样的道理，有的事情看上去无处下手，但只要你有智慧、懂变通，肯定就能找到合适的地方切入并有所突破。

20世纪60年代，杜德拉是委内瑞拉首都一家小的玻璃制造公司的负责人。可是，他根本不想干这一行。因为他的专业是石油工程，他也觉得自己最适合石油这个行业，跻身于石油界是他长期以来的梦想和愿望。

有一天，朋友告诉他这样一则消息，阿根廷需要丁烷气，要投资两千万美元在国际上购买。听到这样的消息，他再也坐不住了，他觉得跻身石油界就在此一举了，于是马上来到阿根廷忙碌着，似乎对这笔合同是志在必得。

到那儿后，他发现不只是他，连两大老牌企业——英国石油公司和壳牌石油公司也早就盯上了这笔合同。这种老牌的石油公司参与竞争令很多人望而却步，何况他这样一点经验都没有的人，在资本上更是无力和他们这样的大公司竞争，想签下这笔合同难如登天。但是他没有因为这样的困难就选择放弃，而是想到了变通的办法。

他从朋友那里无意中得知，阿根廷的牛肉大量积压，现在迫切需要找到外销市场。他脑子一转，觉得这是一个非常难得的机会，利用这个机会，他就可以和那两大石油公司公平竞争了，对于这一局他是信心满满。

他马上去和阿根廷政府联系。当时他还没有丁烷气，但是他对自己非常有信心，拍着胸脯对政府说："如果你们将2000万美元丁烷气的合同给我，我就会买你两千万美元的牛肉作为回报。"当时，对阿根廷政府来说牛肉好比是烫手的山芋，所以他的条件让阿根廷政府完全没有抵抗力，就这样他打败了强大的竞争对手，获得了这次竞标。

争取到了这次的竞标以后，下一步就是寻找牛肉买家。他来到了西班牙，这里有一家濒临倒闭的大船厂，船厂本身没什么，但是政府非常想保住这家船厂。

这则消息又给了杜德拉一个好的契机。他将目光转向了西班牙政府，杜德拉说："如果你愿意购买我价值两千万美元的牛肉，我就将两千万美元的超级游轮交给你们公司去做。"西班牙政府官员听了非常开心，马上决定和他合作，安排大使馆，直接与阿根廷相关政府部门取得联系，将那两千万美金的牛肉运到西班牙来。

杜德拉成功地把牛肉转出去了，还是要为寻找丁烷气继续奔波努力。他又来到美国费城，决定和太阳石油公司洽谈这笔生意，他说："如果你们能出2000万美元租用我的超级油轮，你们2000万美元的丁烷气包在我身上。"当然太阳石油公司欣然应允了。从此，他成功了进入了石油业，实现了自己多年来的石油梦。在不懈的努力下，杜德拉成为委内瑞拉响当当的石油大亨。

杜德拉的智慧、胆识和气魄让人佩服。他能在困境中找寻变通的方法，在合适的机会下一次次地变负为正，没有条件就创造条件。美国的一位成功人士谈到自己的成功经验时说，变通就是他成功的秘诀，他会综合分析面临的各种困难，具体问题具体分析，最终通过变通将一个个难题攻破。

世界是瞬息万变的，让人捉摸不透、难以把握。未来怎样谁都不能预知，下一步会发生什么也无从知晓，因此我们也常会陷入进退维谷的境地。为了走出困境，也为了更加顺心如意地生活，根据不同的条件做出变通就是我们的必修课，必须做到一切从实际出发。"万变不离其宗"，以不变应万变，我们才会有更大的空间发展进步。

机会永远藏在
失败的背后

有一个从小苦练舞蹈的女孩,当她第一次登上舞台时,表现令人大失所望。于是,她祈求上帝的帮助。上帝对她说:"只要不懈努力,总有一天你会成功的。"

经过一年的不懈努力,女孩再次站在了灯光闪耀的舞台上,她以为这次一定会成功,却由于一个小失误只获得了第三名。于是,小女孩又去问上帝:"我努力了,可是为什么我还是没有成功,你在骗我吗?"上帝笑道:"孩子,你只要学会在失败中总结经验,下一次你就一定会成功。"

小女孩听完上帝的话,回家认真反思了自己的不足之处,又苦练了一年。第三年,她再一次登上了比赛的舞台。这次她表现很出色,却因裁判的徇私而获得了第二名。小女孩因此气馁了,她找到上帝倾诉。上帝这次只说了四个字:"磨炼心智。"

小女孩并没有放弃,在第四次的比赛中,她终于站在了冠军的领奖台上。当她想感谢上帝的时候，上帝说："第一次失败的原因在于你的功底不牢。第二次由于你缺乏信心，不能将自己完全放开，因此没有获胜。第三次是为了培养你的耐心，让你不轻言放弃，所以也没让你获胜。最后这次，无论是从实力上还是从心理方面，你都无人可敌，冠军自然非你莫属。你不用谢我，我只是让你一次次地品尝了失败，而你却知道怎样把这些失败变成成功的秘诀。"

人生起起伏伏，失败在所难免。失败本身并不可怕，可怕的是你因为失败而放弃对成功的追求。其实，失败何尝不是一种财富，面对失败切忌灰心，因为一时的失败代表不了什么，它只是暂时的，这次的失败也许正预示着下一次的成功。失败能教会我们如何用更好的方法获取成功。若能从失败的教训中吸取成功的经验，你就一定能获得成功。所以，我们不仅要珍惜成功，同时也要珍惜失败，它带给我们的教训往往比成功带给我们的喜悦更加珍贵。

卡耐基也说过："成功者与失败者之间的区别在于成功者能从失败中总结经验，并以不同的方式再次尝试。"数学家称失败为"或然率"，科学家称失败为"实验"，普通人称失败为"经验"。在经验中学着成长，也就是在失败中总结经验。如果没有前面一次又一次的失败，就不会有后面的成功。失败并不可怕，可怕的是有些人失败一次便一蹶不振。要想最终获得成功，重要的是你是否能愈挫愈勇、是否有勇往直前的决心、是否把握住了失败这一潜藏的资本。失败是为成功投资的资本,每一次失败都使你离成功更近。

日本的柴田合子是一名推销员,在这项普通的工作中,她成功地打破了一项吉尼斯世界纪录。正是她,创造了一个人的业绩等于日本 800 多个保险推销员的业绩总和的奇迹。

为此,有媒体专门采访了柴田合子和她的同事。当问到其他保险业务员一天平均安排几个约谈时,他们的答案不尽相同,2 个、3 个,还有人说 4 个;之后,当问到柴田合子平均每天安排几个时,她说:"今天是 7 个,平时基本都在 5 个以上。"

记者不解地问她为什么要安排这么多约谈?她说这是她昨天一下午打了 58 通电话才约下来的。58 通电话,仅成功地预约到了 7 个,也就是说她被 51 个客户拒绝了。

柴田合子的成功率仅有 7/58,正是凭着这种一直不停地预约顾客、拜访顾客、销售保单的不断重复,柴田合子才能成为销售冠军。

成功的秘诀只有一个,那就是失败!每个人都一样,都没有太多不同之处。成功和失败的概率也一样。而重要的是失败的次数是不同的,柴田合子让我们知道了:失败越多,成功就越多。正如 IBM 的创建者汤玛士·J·华生爵士所说:"如果你想成功,就不要害怕失败,因为这样才能离成功更近。"

失败能够使一个人更加勇敢、意志更加顽强,失败是通往成功的必经之路。 如果我们能摆正心态，失败就能成为我们争取成功不竭的动力，同时还可以发现失败背后蕴藏的潜能。别人之所以能够成功，并不意味着他们初次尝试便以成功收场，而是他们懂得把失败当成上帝赐予自己的礼物。 若你想有更高一层的突破，那么上帝一定会赐予你必要的考验，让你在克服它之后获得一个更优异的成绩。

有一句话说："障碍与失败是通往成功路上必经的绊脚石。 只有肯研究、利用它们，才能从失败中培养出成功。"当上帝为你关上了一扇门，他一定会为你敞开一扇窗，使你在失败的背后寻找到意外的收获。

PART 07

所谓的逆境，
只是在逼你走正确的路

上千次的错误
积淀最后的成功

"想要成功的人必须要有百折不挠的意志和坚忍不拔的毅力。"当我们在为实现自己的人身价值而不懈努力的时候,每个人都希望前方是一片坦途,没有谁愿意自己的人生之路充满坎坷。 于是人们从心底里就畏惧困难和错误,事实上,是我们自己把错误想象得太严重了,要知道,不经历错误是不可能取得成功的。

科学研究表明,无数个错误堆积到一定程度就是成功。纵观那些成功人士,很多都是在错误中成长起来,然后纠正错误继续前行的。 但是现实中的很多人害怕自己会犯错误,如学生在考试时都害怕做错题被扣分,但殊不知有的时候错误也是一件好事,它以另外的方式告诉我们薄弱之处,然后改正错误继续努力。

在直播的电视节目中,许多突发的难以预料的情况是主持人面临的最大挑战。因此,稍有不慎可能就会茫然不知所措。

倪萍是全国知名的主持人,但是,刚刚进入主持行业的倪萍,也犯过一个很大的错误。

1993年9月,中央电视台有一期《综艺大观》邀请了几对金婚夫妻,主人公都是为新中国建设做出巨大贡献的科学家,还包括我国第一代气象学专家。

现场直播的时候,主持人倪萍将话筒递到老人面前,老人顺手就将话筒接了过来。这是节目主持的大忌,作为主持人将话筒给了受访者,是十分不妥的,因为失去话筒就相当于失去了武器,手中没有话筒,现场就容易失控,如果对方说了不合适的话,你将会完全被动。但是在众人的注视之下,倪萍也不可能直接冲上去要话筒。

"感谢中央气象台!"可能是因为紧张,老专家开口就说错了话。一句话让观众哈哈大笑。倪萍想趁此机会伸手拿回话筒,但是老人避开了她伸过来的双手。后来倪萍又尝试了两次,但是老人家还是没有明白,紧紧攥着话筒。于是,舞台上就上演着主持人和采访对象抢夺话筒的尴尬场景。导演在下面急得一直打手势,倪萍本人也是紧张地出了一身冷汗。

《综艺大观》一度是中央电视台最受关注的节目,节目具有很高的收视率。这期节目结束后,节目组收到了许多不知情观众的批评信:"你怎么能和老科学家抢话筒呢,一点都不懂得尊老敬老……"倪萍作了深刻的检讨,她也知道这次的事故是自己失职在先。在亿万观众面前,抢话筒就是自己的不是,何况还打断老人家的话,而这位老人又是令人尊敬的长者。但其中的内情观众或许并不知晓,在直播的电视节目中,导演的安排一定是精确到分秒的。如果这位老人情绪失控占用太多时间,就直接影响到后面节目的播出。

　　发生了这样的事情,倪萍从未想过要推卸责任,她首先主动承认自己在直播中的失误举动。单凭这样的勇气,对一个刚进央视的人来说就是可赞可叹的!接着,她反反复复地回忆了当时的具体场景,想看看是哪个环节出了错误。其实犯错误没什么可害怕的,但是不能在相同的地方犯同样的错误。在多次思考和总结之后,倪萍悟出了这样的道理:如果节目之前,自己能多做些功课,先和老人多一些交流,对他的说话方式有大致了解之后,今天这种尴尬的局面是完全可以避免的。

　　在电视节目迅速普及的今天,观众对电视节目主持人也越来越挑剔,倪萍敢于直面自己的错误,因为她知道必须接受错误、直面批评,才能有进步和提高,才能有所突破,这也是她深受观众喜爱的原因。相反,如果将自己禁锢起来、不敢面对他人的批评,就会失去所有的观众,最后也会慢慢迷失自己,也不可能在主持领域取得成功。

　　已经发生了的事情后悔也无济于事,就不要再去懊悔难过硬抓着不放手,这个时候应及时反思、总结经验教训,之后更要继续努力。 具有强烈成功欲望的人,肯定不会因为一次错误就停滞不前,他们会在错误中寻找新的突破口,昂首挺胸继续前进。

当我们因为这样那样的原因出现了错误的时候，首先要学会思考，思考错误出在哪里，思考能从错误中吸取怎样的经验教训，把这次错误当成铺垫，这样才能看到更广阔的蓝天。实际上人类每一次发明和进步都是建立在无数次假设和猜想的基础上：仅"地球是圆的"这一猜想，就让哥伦布在海上走了无数的冤枉路；开普勒经过猜想和多次实证，证明了行星间存在引力的原理；灯泡的发明者爱迪生，也进行了无数次的实验。

错误还有一个积极的意义和影响，那就是它能及时提醒我们纠正错误的方向。当你犯错误的时候，其实是以另外一种方式告诉你，你必须注意，你现在走的这个方向是不正确的。所以你必须及时改变努力的方向，重新扬帆，继续前行。在错误中寻求战胜挫折的契机，那么，获得成功的概率会更大。

每次挫折
都孕育着成功的种子

生命中总是会遇到各种各样不可预知的困难，但我们必须相信前途是光明的。成功总是和挫折相伴而生的，所以人要学会在挫折中看到转机和机遇。

有远见卓识的人不会因暂时的困难就悲观难过，在人生的旅程中，他们能看到希望的曙光和美好的未来。因为他们带着希望勇敢地向前进，他们也非常清楚自己脚下的路通向何方。

山里有一位樵夫，他每天砍柴不只是为了养活自己，更为了自己伟大的梦想——建造一间经得起暴风雨洗礼的屋子，能让自己在里面安稳地生活。于是，为了自己伟大的梦想，他加倍努力地砍柴，其他人都不能理解他为什么要这么拼命地去做。

经过一年的努力，他终于成功了，他有了一间风吹不倒、雨淋不湿的房屋，邻居才明白了他的苦心。于是，在狂风暴雨的时刻,他可以不用担心自己会没有地方遮风避雨,从而过上了安稳舒适的生活。

这样平静的生活他没享受多长时间。有一天,他到城里交完买主要的柴火后,回到家却发现自己的小屋居然着火了。

邻居都来帮他灭火,但不幸的是傍晚山里风特别大,一时间风助火势,根本没办法控制。最后人们也无能为力,眼睁睁地看着结实的房屋在大火中被毁灭。大火终于扑灭了,而原来结实的房屋却化为灰烬。樵夫没有放声大哭,而是拿着一根木棍在废墟中翻找着什么东西。邻居以为他肯定有什么值钱的宝物在里面,因此大家只在边上看着没问他找什么。

过了老半天,樵夫似乎找到了自己需要的东西兴奋地叫出声来:"终于找到啦!"

邻居都急急忙忙地围过来观看,没想到樵夫找了半天得到的只是一把斧头,根本就不是大家想的什么奇珍异宝。樵夫信心满满地说:"凭着这把斧头,我就有条件建造一个更加结实耐用的房子。"

从此,樵夫还是继续努力地上山砍柴。他用卖柴赚来的钱买了一些阻燃的材质,准备建造新的房子。一年后,他又有了一个更加结实坚固的家了。

一场大火没有让樵夫对生活失去信心,反而拿着斧头继续用自己的双手建造新的家园。从这个意义上说,这也是他最为成功的地方。成功的人不怕困难,更不怕被困难打倒,他们会在困难中站起来坚持不懈地努力，直至成功。

不管是学习、工作，还是生活，我们不能被眼前的困难吓倒；从长远来看，面对目标，如果有"咬定青山不放松"的信念，就可以迈着坚定的步伐一步步地走向成功。

我们常说，人的命运往往掌握在自己的手中。掌握自己命运的第一步就是牢牢把控自己的心态，什么样的心态决定了拥有怎样的未来。不管你持有积极乐观的心态还是消极悲观的心态，都会成为影响你实际行为的一个决定因素。如果你安于贫困，贫困最终会成为我们现实中的处境，但是如果你坚信自己会富裕起来，那么富裕也会逐渐变成现实。

每一次挫折和困境中都孕育着转机和希望。积极的心态对我们为人行事有着非常重要的意义。人生短短数十年，只有经历苦痛，才能收获幸福的人生。坦然地面对生活中的压力和困难，因为它能使我们变得更加强大。

◇ 谁都会遇到逆境 ◇

▲ 爱迪生先后用了6000多种材料,试验了7000多次,经历多次失败,才终于发明了电灯。

▲ 司马迁遭受宫刑后忍辱负重,含冤蒙垢数十载,终于写出流芳千古的《史记》。

▲ 梵高生前,他的作品没有得到世人认可,但他仍坚持梦想,在穷困潦倒的环境下坚持创作。

▲ 中国农民科学家吴吉昌为了周总理的嘱托搞棉花试验,他无时无刻不在想着如何培育棉花新品种,终于获得成功并为祖国的农业发展贡献了力量。

以开放的心态
面对失败

每个人心里都有一扇窗。窗开了,风自然吹进来,带来阵阵花香,整个屋子都充满了香味。因此我们要展现自己的内心,大度地接受别人的意见,在和别人交流的时候获得共鸣。

你是否也曾在遇到挫折后,热情和欲望都没有了,并开始害怕失败,逐渐变得孱弱、犹豫、不敢承担责任、不上进、安于现状了?是这些想法阻止了你前进,你被陷在一个圈子中无法动弹。

有时我们会被一些事限制住,但并不是别人阻止我们,很多事是我们自己束缚住了自己,因为世上没有不可能的事,只要勇于奋进就能成功。

1940年,美国一个铁路工人家中,一个黑人妇女生了第20个孩子,是个女孩儿,名叫威尔玛·鲁道夫。

这个女孩儿4岁的时候,患上了一种疾病。虽然后来治好了，但她的左腿却无法行动，只能依靠拐杖行走。她的母亲安慰并鼓励她，希望她能够超越自己，战胜磨难。当邻居家的小孩从跟前跑过，她对妈妈说："我希望比他们跑得还要快！"

女孩开始了严酷的训练。功夫不负有心人，长时间的锻炼造就了奇迹！9岁的时候，有一天，她把拐杖丢掉，真正靠自己站了起来。她的妈妈抱着她高兴地流下了眼泪。

13岁的时候，学校举行短跑比赛，威尔玛决定参加。老师和朋友都知道她得过病，运动能力不好，就劝她不要参加。但威尔玛决心已定，老师也只能找她妈妈，希望能够一起劝她。她的妈妈却说："就随她去吧，她的腿没事，我对她很有信心。"

比赛的时候，母亲也来为她加油。威尔玛靠自己顽强的意志获得了100米和200米跑的冠军，整个学校都震惊了，她也因此喜欢上了跑步。

1956年，16岁的她参加了奥运会4×100米短跑接力赛，她所在的团队赢得了季军。4年后，威尔玛又创下了美国田径锦标赛女子200米跑的世界纪录。在这一年的奥运会上，她参加了100米跑、200米跑和接力赛，场场必胜，一举拿下3枚金牌。

其实，困难并不能阻止我们的脚步，每当我们感到犹豫和怀疑的时候，不妨多看一些强者的故事，敞开心扉，冲破障碍，勇敢地向前迈进，不断地超越，就能向成功靠拢。

做好准备
可以避免失败

拿破仑·希尔曾说过:"一个人只有善于做好准备,才更有可能获得成功。"一个人要想战胜挫折、获得成功,准备是必不可少的,若是你准备不足,成功的目标就只能是天方夜谭,因为成功只垂青有准备的人。

在备受全世界瞩目的拳王巅峰对决中,士气正旺的泰森并没有把年近四十的霍利菲尔德当成一个具有丝毫威胁的对手。而且,没有哪一家媒体不认为胜利女神最终不会眷顾泰森。美国博彩公司也认为泰森胜算很大,开出了 22 比 1 的惊人赔率,泰森成了人们竞相押注的对象。

此时此刻,自以为胜券在握的泰森对赛前准备不屑一顾,无论是研究对手的特点和缺陷,还是将身体调整到最佳的赛前状态他都没做。当比赛开始的铃声响起后,他才如梦初醒。对方几乎是无懈可击,进攻招招击在自己的弱点上。随后，怒不可遏的泰森像发了疯似的，做出了震惊世界的举动：一口把霍利菲尔德的半只耳朵咬了下来！这场强强对决的结果是：泰森不仅输掉了比赛，还留下了骂名，更被内华达州体育委员会处以 600 万美元的罚款。

准备不足是泰森输掉比赛的致命原因。在霍利菲尔德仔细分析泰森的比赛录像，研究他的进攻套路和防守漏洞时，泰森却无视教练准备的资料；在对方赛前充分热身，达到最佳的搏击状态时，他就像什么事儿都没有似的正在和朋友进行狂欢。当然，我们承认泰森在实力上的确略胜对手，也比对方年轻，但却仍然难逃败北的结局。

欧洲冠军联赛时，足球教练穆里尼奥作为葡萄牙队波尔图的主教练率领球队参赛，没有谁会认为他们能够获得晋级决赛的入场券，夺取欧冠冠军就更是痴人说梦了。但最终却出乎所有人的意料，没有一名大牌球员的波尔图，竟然把象征欧洲足球最高荣誉的奖杯握在手里。

不可否认，波尔图的所有队员无论在名气还是实力上，对皇马、米兰等大牌球队的球星似乎都不堪一击，初出茅庐的穆里尼奥和里皮、弗格森相比也是相差悬殊。然而，穆里尼奥却有一件制胜法宝——十分重视准备工作。所有对手近期的每场比赛他几乎都细细分析过，毫不夸张地说，他对每个对手的情况，无论是技术特点、球队风格，还是比赛状态，都烂熟于心，甚至于开赛当日天气、球场草皮的状况都在他的研究范围之内。

最终,到了决赛那天,他所选用的球员、阵形、战术打法无一例外地抓住了对手的软肋,正如他取得冠军之后的发言:"如果大家了解我们为了获取最终的胜利而所研究的比赛场次,所耗费的时间以及谋划的方案,就不会惊讶是我们拿到了这个冠军了。"

当时,有相当一部分人认为,是一时的运气造就了穆里尼奥的成功,那些豪门球队对这支没有什么名气的球队缺乏足够的重视和比赛激情,才把冠军的奖杯送到了他的手中。其实,穆里尼奥取得成功并非如此简单,因为没有谁比他的准备工作做得更充分了。是对准备工作的异常重视助他一举登上了欧洲冠军的宝座。

次年,一战成名的穆里尼奥就成为英超球队切尔西的主教练,这里多的是世界级的大牌球员。当穆里尼奥第一次见到这些球员的时候,首先做的就是把随身携带的笔记本电脑打开,开始详细地介绍这些球员的自身特点,从踢球风格、身高体重、进球数,甚至分别用哪只脚踢进了球都没有遗漏。穆里尼奥的执教风格立刻就使这些球星佩服得五体投地。不过,这仅仅是一道开胃菜,更令他们欣喜的是,主教练用他近乎完美的准备工作帮助他们势如破竹,不断地在后来的比赛中取得胜利。

穆里尼奥率领着切尔西队横扫各类比赛,拿到了不计其数的冠军奖杯。穆里尼奥声名鹊起,获得了很多人的钦佩与信服,但又让许多对手十分厌恶他。他被喜爱者冠以"上帝第二"的美誉,"魔鬼"却是讨厌他的人对他的称呼。那些一系列令人不可思议的成就，不得不让人认真思索个中原因。

如今，欣赏他的人也好，厌恶他的人也好，都潜心钻研穆里尼奥的执教特点。归纳起来有很多，比如，擅长于把球员安排在最适合的位置、合理的临场阵形、积极乐观的心态等，但几乎没有人注意到认真准备对于穆里尼奥获得成功的重要意义。

无论是泰森的失利，还是穆里尼奥的一系列成就，皆与"准备"这项工作息息相关。前者轻视赛前准备工作，麻痹大意，最终自食其果，与之相反，后者认真备战每一场比赛，胜利女神也就如影随形。做好充分的准备工作对于任何一个人都至关重要，如果你不把准备工作放在眼里，要想战胜挫折、获得成功会难上加难。

机遇诚可贵，
勇气价更高

尝试可能会遇到失败，但不尝试就绝对不会成功。机会总是在于创造，在于寻找，在于发现。不去尝试一下，人生之路就不会宽广。

人们在做某一件事之前，不可能预见全部未来。如果哪个人想等到"十拿九稳"或"十拿十稳"时，才肯举步向前，那他只能做跟在开拓者后面毫无建树的追随者。几经起落并最终反败为胜的美国汽车大王艾柯卡就直言不讳地说："我绝不能百分之百地掌握你所需要的情况，有时我做事完全靠勇气。"

莎士比亚说："本来无望的事，大胆尝试，往往能成功。"大胆尝试常常会带给你更多的机会。尝试是一种发现，是一种自信，也是一种决心。有时候我们之所以害怕做事，是因为只看到了事物艰难的一面，实际上任何事物都有正反两个方面。若心态积极，能看到事物好的一面，就会减轻恐惧感。

谁都想有所作为，人人梦想成功，可是只有少数人与成功、财富结缘。我们常抱怨自己的潜能没有被挖掘出来，自己没有机会施展才华。但有时我们只不过是不敢去做罢了。

　　女强人吴士宏，原来曾是一名护士。对于自己的成长历程，她回忆说，她至今还清楚地记得，当年在长城饭店门口，自己足足徘徊了五分钟，看着各色的人怎样从容迈上台阶，如何一点儿也不生疏地走进门去，就这样简简单单地进入另一个世界。她之所以徘徊了五分钟不敢进去，是因为她无法衡量自己与这道门的距离。

　　但后来，她终于鼓足勇气，走进了世界最大的信息产业公司驻北京办事处。之后，她成为第一个IBM华南地区总经理。

　　知道自己真正想要什么，能做什么，然后勇敢地去做，这才是成功的必要素养。认准目标，勇往直前，是一切勇敢者的成功经验。要想做个成功者，最重要的是学会在困难时怎样坚持。其实，成功并不像想象的那么困难，关键是要去尝试，看看自己的实际能力是什么样子，然后耐心地向目标进发，那么，成功也只不过是窗户上的一层纸而已。

　　没有胆识的人，即使面对再好的机会，也不敢去尝试。因为不去尝试肯定不会失败，但也失去了成功的机遇与喜悦。只有勇敢才能在平凡中做出不平凡的成绩。没有勇气登上顶峰的人，最终只能在底层徘徊。成功者敢于与命运抗争，劲头十足，不断前进，直到取得自己满意的结果。

李开复刚加入微软公司时,能与同事正常交流,但到了比尔·盖茨面前就总是不敢讲话,因为他非常担心自己说错话。

　　有一天,公司要进行改组,比尔·盖茨召集十多个人开会,要求轮流发言。李开复当时想,既然一定要讲,不如讲出心里话。于是,他鼓足勇气说:"在我们这个公司里,员工的智商比谁都高,但是我们的效率比谁都差,因为我们整天改组,不顾员工的感受。在别的公司,员工的智商是相加的关系。当我们改组时,我们员工的智商却是相减的关系……"

　　他说完后,会议室里静得连呼吸都听得见。会后,很多同事给他发电子邮件说:"你说得真好,真希望我也有胆量像你那样说。"结果,比尔·盖茨不但接受了李开复的建议,改变了改组方案,并在与公司副总裁开会时引用他的话,劝大家注意公司文化,不要总是陷在改组"斗争"里,造成公司的智商相减。

　　从此,李开复便敢在任何人面前发言了。

这件事充分印证了"你没有试过,怎么知道你不能"这句话的真谛。

　　许多时候,成功者与平庸者的区别,只在于有没有勇气。有足够勇气的人可以过关斩将,勇往直前,而平庸者只会犹犹豫豫、畏首畏尾。 柯瑞斯说:"命运只帮助勇敢的人。"

　　英国19世纪女作家乔治·爱略特曾说道:"犹豫代表了胆怯,意味着害怕失败,而丧失勇气去尝试的同时,亦失去了唯一一点你可能成功的理由。"在最后时才知道不能犹豫,已经晚矣。 人的一生是短暂的,带着勇气去敲响成功的大门,你就有成功的希望。

　　这个世界一直有新的挑战,有新的领域等待你去征服,关键是你敢不敢去做。 即使你先天不足,即使上天给予你的苦难比起他人来要多得多,但勇气却必能为你增添一份可贵的强大动力,帮助你升空高飞,向着目标和理想不断进发。

竭尽全力
去做每一件事

许多人遭受挫折时，只是叹气，问他的情况，他也总是满面愁容地说："真没办法，我已经竭尽全力了！"这样看来，真是被逼到绝路，不可挽回了。

其实，很多事情并非如此。你要问问自己：果真任何办法都用过了？真是一点解决的希望都没有了？自己真的倾尽全力付出了？有时只要换一种思路，就会想出办法，从而出现"柳暗花明又一村"的情况。

就拿贷款来说，这是生意人经常会遇到的事，而且通常不那么容易成功，需要多下功夫。有的人按照公司老板的指派，负责办理贷款的工作，只会跟着程序走，先提出申请，然后办理相关的手续，回来后，打一两次电话催问一下，当申请未取得成功时，他就抱怨自己没有银行的熟人，没有关系，称自己已经尽力了，等等。

同样是贷款，当年士光敏夫的做法就大不相同。

"二战"后,他接手日本的东芝公司,这时公司极缺资金,他只好向银行申请贷款。日本战后经济不振、资金紧缺,所以银行负责贷款的部长对他十分冷淡。

士光敏夫知道要想筹到贷款绝非易事,他做好了打持久战的准备。他找到那位负责贷款的部长,详尽地叙述了当下的处境,讲了贷款后会产生的效果,软磨硬泡。他时而如演讲一般,时而又似辩论,即使部长不再理他,他也安静地待在那儿老实守候。就这样,一直磨到下班时间。当他看到部长整理好文件准备走时,赶忙从带来的提包中取出两盒盒饭,对部长说:"我知道您很忙,很辛苦,所以特备了盒饭,请您再花点时间与我谈谈,委屈您啦!您的帮助使我们公司好转后,将来一定对您感激不尽。"一席话,使得部长哭笑不得。看到他这样执着而坚毅,部长同意给他一些贷款。

另外一件事的道理也与上述故事相同。

稻盛和夫是日本京都陶瓷公司的创始人,通过努力,他得到了松下公司的一笔大订单。但是松下公司的条件非常苛刻,不但对产品质量要求高,而且还要求降低价格。京都陶瓷公司的很多人对松下方面很失望。他们感觉已然无计可施,成本无法再降低了。如果真按松下的价格出货,根本赚不到钱,不如干脆放弃。

而稻盛和夫却不这么看。他想对方虽然苛刻,但我方并没有用上全部精力,一定要想出办法降低成本。于是，他创立了一种"阿粑经营"的新管理模式，把全公司分成了若干个阿粑小组，把降低成本的责任落实到每一个底层员工的头上。就这样，人人都为降低成本献计出力，终于再度降低了成本，完成了生产任务，并且创造了很多的利润。

可见，在大家都认为再无办法的情况下，有的人仍然能想出办法，挖掘潜力。

工作和生活中，困难肯定是有的，我们不要随便说已经竭尽了全力，还可能是陷入了原有的思维定式之中，没有能解放出来。总之，遇到任何事情都要坚忍不拔地去面对，这样才会战胜困难。

"绝望的处境"是相对的

第二次世界大战结束后,德国国内的一切都百废待兴。

美国社会学家波普诺带队访问德国,看望了许多住在地下室里的德国居民。

之后,波普诺就问随从人员一个问题:"你看,德国会振兴起来吗?"

"难说啊!"一名随从人员答道。

"他们肯定能!"波普诺很肯定地说道。

"为什么呢?"随从人员奇怪地问道。

波普诺看了看他们,又问:"你们每到一户人家,看到他们的桌上都放了什么呀?"

众人齐声地说:"一瓶鲜花。"

"那就对了!如果哪个民族处在这样困苦的境地,仍然没有忘记那些美好的事物,那就一定能在废墟上重建家园!"

世上没有绝望的处境,只有对处境绝望的人。在绝望中仍能追寻希望之花的人,怎么可能轻易倒下?

马绍尔是美国雅丽服饰有限公司的总裁,他在家里浴室的镜子上贴了一张纸,纸上写着这样一句话:我痛苦,我没有鞋。但是,在街上我遇到了一个人,他没有脚!

马绍尔为什么要写这么一句话?

原来,马绍尔原本是一家服装厂的裁缝师,厂子因为效益太差倒闭了,马绍尔也因此失业。妻子和他离婚了,由于没有工作,法官把他们唯一的孩子判给了妻子。

那段日子里,马绍尔的心情变得异常灰暗。在他看来,处境已经糟糕得不能再糟糕了,开始以酗酒、抽烟来解愁。

那天,马绍尔去领取政府发放的救济金,走着走着,他突然看见一个失去双脚的人。那人坐在一个木制的小轮车上,两只手撑着一根木棒,沿街推进。他的脸上带着微笑,嘴里哼着小调,十分开心。

"早,先生。天气很好,不是吗?"那人对他说道。

"是的……天气不错。"马绍尔说。

"对不起,先生,我挡住了你的路。不,我到了。这是我的酒吧,有时间来坐坐,我保证我的酒吧会令你满意。"

那人指了指街道旁边的一所房子。马绍尔惊诧不已,在他的注视下,那人撑起手中的木棒,朝房子走去。

看着那人的背影,马绍尔惊呆了:他失去了双脚,却还能拥有自己的事业,而且很快乐;而我四肢健全,身体健康,却没有振作起来去奋斗!

想到这些,马绍尔突然觉得自己的心胸是那么狭隘,所有的痛苦都显得太矫情。羞愧包围了他,他转过身昂首向前走去,决定不再靠救济生活。

5年后,马绍尔有了自己的雅丽服饰公司,并且组建了新的家庭,还在华盛顿买了一所大房子。乔迁之日,马绍尔就在一张纸上写下了这样的话:"我痛苦,我没有鞋。但是,在街上我遇到了一个人,他没有脚!"

马绍尔把这张纸贴在了浴室的镜子上,每次照镜子时,他总要读一遍以提醒和鼓励自己:无论处境多么艰难,我也不能消沉!

是的,处境再艰难,哪怕真的身陷绝境,也要用顽强不屈的精神奏响生命的希望之歌!

弗洛伊德·柯林斯的故事也带给我们很多启示,《美国普利策新闻奖名篇》中向世界讲述了这个人的故事。

1925年1月29日,一位名叫弗洛伊德·柯林斯的洞穴探险者在父亲的农场为寻找一个能够吸引游客的洞穴时,不小心跌入洞中。不幸的是,柯林斯被一块巨石卡住了左腿,动弹不得。人们想办法施以援手,却无法将其救出。

在人们难以想象的疼痛和折磨中,柯林斯整整坚持了19天。他的勇敢和顽强，在人们的心里烙下了深深的印记。

19天的时间，一分一秒对柯林斯来说都是煎熬。在黑暗的洞穴里，柯林斯被压在巨石下，仅可容身的小穴如同绳索捆绑着他，他能动弹的只有自己的思维，而孤独、绝望、疼痛及无助，却可以轻易让人崩溃。

当人们想方设法营救这位不幸的落难者时，一位名叫米勒的记者五次深入洞穴，并以细腻的笔触写出了自己亲眼看见的一切，为人们记录下了这位落难者在绝境面前的表现及其内心痛苦与顽强的挣扎。

地面上的每一寸地方都是水，进入洞穴必须缓慢爬行。当米勒试图挤进柯林斯受困的小洞时，"疼——太疼了！"柯林斯恳求米勒放弃这样的努力。柯林斯躺着，向左侧斜着，左脸颊靠在地面上，两只胳膊牢牢地卡在他身边石头的缝隙里，像一位钉在十字架上的受难者。这样的姿势，他保持了19天！

他的脸上盖着一块油布，米勒想动手拿开。"放回去，"他说，"放回去——水！"

米勒这才注意到，水正一滴滴地从顶部的岩面上滴下来，拍打着柯林斯的脸，这持续不断的水滴让他难以忍受。米勒感叹，此情此景，与滴水的刑罚多么相似，再坚强的人也会不寒而栗，而柯林斯竟然坚持了19天！

有一次，柯林斯面对着米勒——这位身高只有1.57米、体重仅54公斤的好心记者，真诚并非调侃地开起了玩笑："喂，伙计！你最好出去暖和暖和，不要回来了。

你这么瘦小,我觉得你没法把我救出去。"

此刻,陷入绝境的人依然乐观,一如既往地关心他人,关心眼前这位来帮助他的瘦小记者。

柯林斯只是要求在他的头顶放置一盏灯。灯光如豆,可是,微弱的光在这位地下探险者的心里,却成为永存希望的火种,成为挑战黑暗环境和冷酷陷阱的象征。即使受困,勇敢的心也不会向灾难屈服。

不幸的是,所有营救均以失败告终。19天后,柯林斯离去了,这盏灯仍然亮着……

柯林斯离去了,美国一位叫詹金斯的传教士为他写歌纪念——《弗洛伊德·柯林斯之死》。歌词这样唱道:

> 我们都知道的一个家伙,
> 脸庞英俊白皙,
> 心肠热忱而真诚。
> 他的身躯正在沉睡,
> 在沙洞中沉睡。

绝境中,柯林斯用自己的生命谱写了一首壮美的希望之歌! 在一个人的精神和尊严面前,险境算得了什么! 柯林斯面对绝境时所表现出的顽强意志以及对生命的留恋与渴望,每时每刻激励着在逆境中奋斗的人们! 听到这首歌的人们,都会鼓起战斗的勇气:是的,这世界没有绝望的处境,只有对处境绝望的人!

值得庆幸的是，绝境并不常有，不是每个人都像柯林斯一样如此不幸。但是，几乎每个人都避免不了遭遇逆境的折磨。当我们面对人生的逆境和磨难想放弃时，柯林斯不屈的灵魂就会出现，在生命的琴弦上弹奏他那坚韧的希望赞歌，安慰那些悲观哭泣的人们。

PART 08

超前一步,预见逆境才能跨越逆境

勿以恶小而为之，
勿以善小而不为

众所周知，水滴石穿。一些过错虽然不大，积累得多了就会变成大恶，酿成严重后果；日常善举虽说无足轻重，日积月累，也会成为震撼人心的大善。工作中光做到"勿以善小而不为"还不够，最重要的是要做到"勿以恶小而为之"，让自己的危机意识和责任感无处不在。作为企业的管理者，树立"勿以善小而不为，勿以恶小而为之"的企业价值观念尤为重要，那些违背企业核心价值观的"小恶"要及时予以惩治纠正，必要时还可以"杀鸡儆猴"。

在美国有一家公司，虽然规模比较小，但因极少辞退职工而闻名。一天，资深车工杰瑞在切割台上工作一会儿之后，便卸下了切割刀前的防护挡板并放在旁边。因为拆除防护挡板之后，能更快地收取加工零件，这样的话，在午休前杰瑞就可以完成2/3的零件了。大概一个多小时过去后，负责巡视的主管不经意间发现了杰瑞的这个举动。主管异常生气，责令他马上把防护挡板置于原位，并大声训斥了杰瑞很久，将杰瑞一整天的工作量归零以示惩罚。

此时，杰瑞认为这件事情到此为止就画上了句号。然而，次日刚上班，老板就通知杰瑞前去见他。曾在这间得到过许多次奖励和激励的总裁办公室，杰瑞得知了此次对他的最终处罚是辞退。总裁对他说："你身为资深员工，最应该明白安全对于公司的重要性有多大。你今天零件的工作量没有达到要求，公司少了利益，但是可以另外找人进行弥补，然而万一你出现意外，公司永远都无法补偿你失去的健康和生命……"

杰瑞在离开公司那天没能忍住眼泪，几年的工作时间里，他曾经历过荣耀，也有过不如意的时候，但公司却从没有人对他有过否定。然而这一次，他明白，自己冒犯的是公司的内在灵魂。

在企业的日常管理中，如果"小恶"不断累积起来，企业就不可避免地陷入恶性循环，以至于无法从危急中解脱出来。相反，不断增多的"小善"则会将机遇带给企业，甚至进而左右企业的决策。

有一次，来自阿根廷的客商萨瓦斯先生在对中国的几家知名空调企业实地考察之后，和宁波三星集团签订了高达500万美元的订单。这笔订单大概占到了萨瓦斯此次在华空调订货总量的八成。正是萨瓦斯先生在三星集团期间遇到的两个小故事促成了这单生意。

那次，列入海外采购团考察行程表的一共有5家空调企业（先前都已有了合作意向，只待最后商榷）。萨瓦斯3人考察团进入三星集团企业的厂区后，依次是参观展厅，听企业介绍，考察生产现场的一般流程。参观结束，碰巧赶上员工吃午饭。萨瓦斯先生四处张望，忽然将目光锁定在一名普通的流水线操作工身上，那人不但没去吃饭，而且行为有点"怪"：单膝跪地，低下身体，用扫帚吃力地在操作台底下往外拨拉着什么。钱币？戒指？萨瓦斯先生非常好奇她到底在找什么东西。

没多一会儿，一枚小小的螺丝钉被扫出来了。又过了一会儿，又扫出来一枚，她这才停止动作，将扫出来的螺丝钉归于原位。只为了两个螺丝钉就花费了那么大的力气实在出乎萨瓦斯先生的意料。

时至中午，厂方自然要尽地主之谊。之后，萨瓦斯先生一直若有所思。他在接待人员的引导下到了员工餐厅。饭菜简单精致，两荤一素一碗汤，盛在不锈钢的托盘里。

萨瓦斯先生身为贵宾，所以有两点与普通员工不一样：一是无须他亲自去和员工一样排队打饭，空调公司老总吴方亮代替了这项工作；二是和员工不在一起吃饭，而是去了与外间餐厅一层玻璃相隔的"干部相谈室"——据说这是管理人员用午餐时间来沟通交流、"开小会"的地方。

过了三天，萨瓦斯的确认信息就传到了吴方亮这边。萨瓦斯已决定再次飞往宁波，而且这次的目的就是直接下单签约！萨瓦斯坦言，三星集团无论在企业实力还是在产品方面，并不具备多大的优势，然而一顿午餐、两枚螺丝钉的经历给他的印象特别深刻。

一顿午餐、两枚螺丝钉就赢得了一份500万美元的订单，"小善"的威力由此可见一斑。

每个人都应该时刻铭记"勿以善小而不为，勿以恶小而为之"的价值观。

在危机来临前
就培养冒险习惯

如果一个青少年对什么都缺乏兴趣，安于现状，唯一可以改变他的就是尝试冒险，从而才会有取得成功的机会；对于那些已经有所成就者来讲，冒险也会给他带来不菲的收益。当然，我们绝不认为冒险就等同于成功，然而确定无疑的是，一个人如果连冒险精神都没有，他也是不会有前途的。

无数的冒险组成了绚丽多彩的人生。当你得知冒险可以充实你的生活，并且将与幸福快乐相伴，你会很乐意开始这段旅程。多数人更愿意生活得恬淡安稳。当被问及为何不给自己一个挑战的机会时，他们正颇得意自己抛开欲念的淡泊"修养"。而他们口中的"修养"无非就是当一天和尚撞一天钟、碌碌无为。其实在充满活力的生命草原上尽情驰骋才是真正的修养！

在美国密歇根州，夏令营是青年基金会一年一度的活动，而活动的主题便是"我向你挑战，去大胆冒险"。

每个夏天参加者不可计数。在所规定的时间里,到处都充斥着炽热的竞争气息。

夏令营中充满挑战的生活,使得冒险的活力和精神在这些年轻营员的身上绽放出巨大的光彩。他们中的每一个人从未怕过去做第一个吃螃蟹的人,反而认为这有利于自我完善。

勇于挑战的人通常认为,伟大而光荣的挑战就是生活。早晨,窗外的阳光照射进来,只要自己充满激情地下床去,向不利的环境自信地写下战书,那么你就离胜利不远了;如果可以积极乐观地坦然面对困难,问题就剩下一半需要解决了;如果你目标远大,这些困难就会显得更加微不足道了。

但是,具体应该怎么做呢? 面对复杂的生活要采取积极向上的态度。 许多人因为隐藏在心底的患得患失而无法获得成功,如担心职位不保、忧虑疾病来袭和生活的困苦。 此时此刻,需要记住的是:勇者并不意味着他无所畏惧,关键在于面对恐惧时他有勇气用积极的态度去战胜它们。 每个人心里都梦想着要成为某种人或者取得某个渴望的地位。 然而我们常常守株待兔,而机遇不会垂青那些坐等机会的人,只有主动出击的人才可能赢得机会。

要勇于冒险,挑战自己! 世间没有什么事是能有百分之百的把握的。 成败之间,能力的高低并不是二者的区别,真实的区别在于是否有自信、自身是否具有冒险精神、是否有勇气采取实际行动、是否有坚韧不拔的意志坚持到最后。 要想做一个有理想的人,就要有一种舍我其谁的魄力。

现实当中，冒险精神是让生活变得充实而有质量的调味剂。在遭遇突发事故时，平日里习惯了停滞不前、不思进取的人往往不知所措，甚至身体也无法适应突如其来的考验。美国陆军精神病学顾问阿伯斯认为："很多人并不知晓自己的勇气足以令人惊讶。实际上，很多人都有成为英雄的潜质，但缺乏自信的他们就这样庸碌无为地过完了一生。一旦他们知晓自身的潜质，肯定会帮自己把问题解决掉，甚至处理重大的危机也不在话下。"

让大胆行动成为你的习惯吧。让我们从平时做起，对任何事情都要怀着勇气，采取大胆的行动，因为仅仅在面临危机时才想要成为大英雄是完全不够的。

◇ 机会是留给有准备的人的 ◇

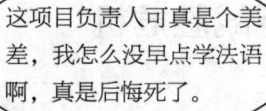

不断学习的人
才能战胜危机

有些人觉得自己学过的东西不会过时,只要拥有它们,就不愁没饭吃。但社会在进步,三天不学习,时代就会"抛弃"你。古语常说"谦虚使人进步",谦是一种礼貌,一种礼节上的心态;虚是一种空怀心态,把自己归零后再去学习。

　　一所名牌大学毕业考试的最后一天,毕业生们都信心十足地憧憬着未来,这是他们毕业之前的最后一场测试。一些人在谈论他们已经找到的工作,另一些人则谈论他们将会得到的工作。带着大学四年所学的知识,他们感觉自己已经准备好了,似乎能够征服整个世界。

　　他们都认为,这是一场很快就能完成的简单测试。因为教授说过,他们可以带他们想带的任何书或笔记,只有一个要求,即测验时不能交流。

　　他们充满自信地走进考场,教授把试卷分发了下去。当学生们注意到只有五道评论类型的问题时,脸上都露出了自信的笑容。

3个小时过去了,教授开始收试卷。学生们渐渐不安起来,他们的脸上是一种恐惧的表情,再没有了起初的自信。教室里一片寂静,教授手里拿着试卷,看着所有的毕业生。

他对着下面那些焦虑的面容问道:"完成5道题目的请举手?"

没有一只手举起来。

"完成4道题的请举手?"

仍然没有人举手。

"3道题,2道题?"

很多学生都低下头,他们用沉默回答了教授的提问。

"那1道题呢?应该会有人完成1道题的。"

但是,整个教室仍然一片寂静。此刻,教室里充满着沮丧和挫折的气氛。教授放下试卷,说:"这正是我期望的结果。"

"我只想给你们留下一个深刻的印象,虽然4年的大学生活结束了,但你们仍然有很多东西不知道。这些问题与实践密切相关。"然后,他微笑着补充道:"这次考试你们都会通过,但是,要记住:即使你们现在大学毕业了,你们的教育也只是刚刚开始而已。"

一个已经装满了水的杯子难以再装别的东西,人心也是如此。

人生都在同一起跑线上起跑,可为什么所达到的高度不同呢？有的人功成名就，有的人却一事无成。一个重要的原因就是，前者总是"给杯子留一些空间"以虚心接纳，而后者总是骄傲自满，最终故步自封，自己淘汰了自己。

人生是一次旅行，也是不断吸取养分、努力成长的过程。如果我们带着太多的自满上路，就会像那个装满水的杯子一样，很难再容得下一滴水，这将是人生最大的悲哀。在人生的旅途中，每一个即将上路或已在路上的年轻人，一定要牢记，无论何时都要"给杯子留些空间"去虚心学习。学无止境，心有空余，才能装物，才能化解危机。

警惕生活中的
"马蹄铁现象"

　　一场战争的失败有可能最初是由一匹战马丢失了一块马蹄铁造成的，这充分证明不能对细节疏忽大意。"马蹄铁现象"经常被马克思引用，用来说明正是基于事物自身的内在联系，事物发展的灾难性后果也许就是当初十分不起眼的细微变化造成的。西方世界有句谚语叫"魔鬼藏于细节"。漠视细节，就等同于视危机而不见。要知道，消除尚处在萌芽状态的危机并不是什么难事，但是如果没有发现，危机逐渐累积扩大，将会产生不可预知的后果。所谓"千里之堤，溃于蚁穴"也与那句西方谚语有异曲同工之妙。

　　某家电制造公司曾因为管理疏忽而酿成了事故：3号车间的一台机器发生了故障，技术科的工作人员检查后发现，原因是丢失了一颗配套的螺丝钉，一时无法找到，所以只能去市场上重新购买。但是，公司内部规定采购员进行采购之前要先由技术工作人员申请采购，上级审核后，再经采购部部长审批。

可是，新问题又产生了。那种螺丝钉十分难找，市内好几家五金商店无货不说，就连一些著名的商场也没有。时间过去了好几天，那种螺丝钉还没找到。现在，机器无法运转已经致使工厂无法开工了。这引起了公司其他管理者的关注。他们仔细询问整件事情的经过，并集思广益希望寻找到解决的方案。最后，在全体员工的努力下，机器生产商的电话号码终于被技术科翻了出来。仅仅过了半个小时，机器生产商下属分公司就将螺丝钉送了过来了。问题很快就解决了。但是寻找合适的螺丝钉的整个过程，耗费了一周的时间，而公司就在这一周里损失了上百万元。

没过多久，工厂又开始正常开工了。在月度总结大会上，这件事又被提及。采购科长说道："从此次事件当中，我们不难发现，责任心缺乏是公司某些工作人员的通病。先是技术科提交采购申请，然后是各级审批，最后再由采购员进行采购，整个过程都是按照公司的规定来走并没有错，那么怎么会造成如此严重的损失呢？原因竟是技术科的工作人员忘了标明机器厂商的联系方式，而且其他各个部门却无人想到询问这件事情。"

短短的一行电话号码，让公司因为生产停顿损失了上百万元！这说明，不管是企业还是个人，是否给予了危机问题足够的重视，决定了他能否取得成功。

蝴蝶
效应

1963年,气象学家洛伦兹提出了"蝴蝶效应"这一理论。大意是说身处南美亚马孙热带雨林的蝴蝶不经意间震动一次翅膀,也许就是两周后密西西比河流域一场风暴的来源。蝴蝶扇动翅膀并非真正原因,真实情况是大气循环系统中敏感位置的微弱气流变化将会引起巨大风暴。

这说明,事物异常的后果,对初始条件的依赖是极为敏感的,初始条件发生极小的变化,也会产生失之毫厘,差之千里的结果。社会学界用"蝴蝶效应"来象征一个败坏的、细小的机制,如果没有及时处理纠正,就会给整个社会带来巨大灾难;而一个良好的、细小的机制,经过一段时间的培养,将会带来不可思议的影响。

只要细心观察就会发现,工作中出现的重大问题,往往并不是由一个特别重大的错误导致的,而是由微不足道的细微错误日积月累形成的。在日益精细化的时代,每个环节出现的小差错都会造成后续程序一连串的崩塌。这是因为它所造成的连带效应无法估量。

某企业负责仓库管理的人员，在值夜班时违反规定喝得酩酊大醉。很不凑巧，当晚厂长恰好来仓库视察，不成想就看到了这个几乎不省人事的保管员。厂长当时就气不打一处来，训斥道："你这样怎么对付火灾和盗窃?!"醉意朦胧的保管员借酒壮胆，大声回敬道："有什么事，我担着!"

仓库保管员所担负的责任，是组成企业成千上万个环环相扣的责任中的一环，这些责任之间密不可分，成为一个企业完整高效的责任链条。若是他没有尽到自己的职责，将会顺着这条责任链无限制地影响下去，像多米诺骨牌般造成一连串的责任缺失——如果恰巧因其失职而导致火灾或者偷盗的发生，那么接下来还有什么事情会接踵而来呢？首先，失去了材料后，生产部只能被迫停工，生产部的停工又会导致销售部的销售合同违约，紧接着，财务部因为销售部无法正常履行合约而无法收回款项……这个看起来似乎没什么大不了的失职，带来的有可能是整个公司运转系统的崩溃。

责任是连接企业中不同岗位、不同员工之间的纽带，它们犹如犬牙交错的齿轮，在高速运转的过程中环环相扣，每一个齿轮所担负的职责都与自己咬合的、上下左右的齿轮紧紧相嵌，假如其中某一个环节掉了链子，不仅机器的整个运转受到致命打击，整个机器也许会无法运行，从而导致企业无法继续正常生产和经营。

用多米诺骨牌游戏效应可以恰当地形容企业的运转,一张骨牌的倒下,将会发生连带反应,致使其他骨牌接连倒地。无论哪一个环节出现纰漏,整个公司的运转都会受到影响。所以,当我们站在自己的工作岗位上时,就必须尽心尽责,时刻充满危机意识,防患于未然,确保这一环节不出差错。

预见危机，
才能更好地避免危机

曾经有两位旅行者要穿过非洲大沙漠到达另一边的城镇。他们骑着骆驼，带了充足的水和食物，能够满足未来几天的需要。"为了避免被困在沙漠里，我们应该快点走。"刚进入沙漠次日，其中一个人这样说道。

"有什么可怕的？反正我们的食物和水多得是，不用着急。"同伴答道。

前面那个人听了觉得没错，也就不再坚持。谁知，当天晚上，一场出乎意料的风暴降临了，他俩虽然保住了命，却丢失了所有的水、食物和行李，骑行的骆驼也不见了。这样一来，"慢慢走"就意味着死亡。第三天，他们没命地往前跑。可最终，由于没有食物和水，又没有骆驼来辨别方向，他们被大沙漠无情地吞噬了。

在我们为他们感到痛惜时，你有没有想到过造成这起悲剧的主要原因是其实旅行者缺乏预见危机的能力？ 生活中，避免危机的有效方法就是预见危机。现实生活中发生的那么多悲剧和意外,有很多都是人们缺乏预见危机的能力造成的。当危机降临时,人们习惯性采取逃避或者排斥的心理,这一点儿用处都没有,反而让自己更加沉溺在一种太平的假象里,而最终付出代价。

美国有一家船运公司年年都要进行最佳船队的评选,首要的评选条件是出海过程中事故最少。有支船队每年都能被评为最佳船队,因为这支船队在海上航行的时候几乎没有出现过什么事故。当有人不解地问这支船队能做到这样的原因时,其中一个海员这样回答:"其实很简单,我们出航前定期细心地检修船舶。这是因为我们都明白,也许明天会因为今天的一时懒惰、疏忽付出代价,就是这样了。"

那些熟悉航海的人都很清楚,船体很容易因为海水的腐蚀和海洋生物强大的附着力,以及船舶本身的故障和磨损在航海时发生问题,所以要想规避风险少出问题,对船舶进行定期检修是必不可少的。

未雨绸缪,对于企业危机的解除也不失为一种好方法。

M公司是一家专营体育用品的公司,此公司在培训新人时,主要针对的是对应急事故处理能力方面的培训,即所有的人都要明白怎样有效地管理和解决问题,并尽量降低给商店和顾客造成的损失。

每过半年M公司都会通知上白班者,接受危机模拟训练。大家都知道会有模拟危机,但具体是什么就不清楚了。有一次,是一位缺乏教养的顾客赖在店里不走;有一次,是一位员工突发心脏病;还有一次,来了一位假记者,他要调查为什么没有按照相关规定赔偿某位客户……

每次模拟训练之后,紧接着的是一场友好的分析评论,这时,大家会认真讨论在方才的训练中遇到的问题以及更有效的解决方法。"我认为即使管理得再好,危机还是会降临到每一家企业头上,"公司创始人尼丁·诺利亚这样说道,"一家企业成功与否,取决于他们如何来应对这种问题。"

M公司采用的方法被称为"危机管理",现在已广为应用。"今天的意识懒惰、疏忽,明天就会付出惨痛的代价"。 提前发现问题和危机,把危机扼杀在摇篮里,这才是避免危机的最好方案。

谁动了我的奶酪

前几年，美国作家斯宾塞·约翰逊写的《谁动了我的奶酪》一书非常畅销，上市后人们纷纷抢阅。一时间，这本书销量巨大，而且连书名也被人们当作经典话语，常常引用。其实，这只是一本小册子，文字不多，讲的是一个饱含寓意的故事。但读者可以从不同的角度得到启示，因而很受欢迎。

故事杜撰了四个不存在的主人公：两个小老鼠嗅嗅和匆匆、两个小矮人哼哼和唧唧，他们代表着不同的方面。嗅嗅感觉敏锐，可以立刻辨别出各种气味；匆匆能够迅速地开始行动；哼哼比较保守，害怕变化；唧唧能调整自身去适应变化的情况。故事讲的就是这四个主人公在一个迷宫中寻找奶酪以及适应变化的情况。

从前，在一个遥远的地方住着四个小家伙，他们每天在一座结构复杂的迷宫中忙忙碌碌，寻找着"奶酪"。嗅嗅和匆匆运用简单的反复尝试的方式在C处发现了奶酪，而哼哼与唧唧运用思考的复杂方法也即刻到了 C 处发现了奶酪。C 处的情景让他们都惊呆了：各式各样的奶酪堆积如山！于是，他们天天都来到这里，享受来之不易的鲜美食品。他们感到拥有了奶酪，就是拥有了幸福。

嗅嗅和匆匆每天来得很早，他们总是到处走一走，闻一闻；一些日子后，他们发现奶酪好像在不断地减少。而哼哼与唧唧却每天都沉浸在坐享许多奶酪的兴奋中，他们没有察觉到正在发生的变化。

一天，嗅嗅和匆匆又来到了 C 处，他们发现奶酪不见了。嗅嗅闻了闻后，朝匆匆点了点头，然后他们就毫不犹豫地到别的地方寻找新的奶酪了。

哼哼和唧唧照例哼着小曲，慢吞吞地来到 C 处，他们意外地发觉奶酪不见了。因为毫无准备，于是两人大喊大叫起来："怎么？竟然没有了奶酪！"接着他们气愤地骂道："谁将我的奶酪拿走了？"

对这样的现实他们无法接受，他们认为拥有奶酪是自己的权利，没有人事先警告过、提醒过他们奶酪就要不见了，这太不公平了！他们幻想着奶酪还会再出现，因而天天到这个地方，哼哼唧唧，犹豫不决。就在他们不停地抱怨时，嗅嗅和匆匆早已找到了新的奶酪。

哼哼仍在天天发牢骚，每天愤愤不平；唧唧觉得这样不是办法，毫无作用，他如果再不改变就会被淘汰。他竭力劝说哼哼去别处寻找，但毫无结果。于是，唧唧走出了 C 处，开始寻找新的奶酪，为了照顾哼哼，他还一路在墙上留下了标记。

一番努力后,唧唧终于找到了N处,那里更多的奶酪让他惊讶不已。当他进到里面时,才发现被他们认为智力低下的嗅嗅和匆匆已然在那儿享受着新的奶酪了。

事实上,这个故事寓意很深,用"奶酪"比喻我们现实生活中所追求的一种目标。这个目标可以是一种工作,一种人际关系,也可以是金钱等物质财富,甚至还可以看作一种精神上的追求。对故事中的寓意当然是仁者见仁,智者见智,可以从多个方面进行阐释和理解。就总体而言,这则故事是想向我们说明变化总是在不断地发生,总会有人在不断地拿走你的奶酪。正确的方式是提早发现问题,随时做好奶酪被拿走的准备,快速适应新变化,随着情况而改变自己的决策。只有尝试着冒险,敢于放弃旧的奶酪,你才能尽早享用到新的奶酪。相反,不适应变化,只是抱怨,只是守候,对现状起不到任何作用。

世界是变化的,社会是发展的,因而我们不能永远守候落后事物,而应该主动地适应这种变化,不停地进步,不断地创新,不断地前进。谁有这种主动创新的积极态度,谁就能不断地排除困难,不断地找到奶酪,获得成功。